数学与文化

数学美文 100 篇

〔德〕埃温哈德·贝兰茨（Ehrhard Behrends）/ 著

吴朝阳 / 译

世界图书出版社

图书在版编目（CIP）数据

数学美文 100 篇 /（德）埃温哈德·贝兰茨著；吴朝阳译 . — 北京：世界知识出版社，2020.5

（数学与文化）

ISBN 978-7-5012-6188-8

Ⅰ . ①数… Ⅱ . ①埃… ②吴… Ⅲ . ①数学－青少年读物 Ⅳ . ① O1-49

中国版本图书馆 CIP 数据核字（2020）第 035399 号

版权声明

First published in German under the title

Fünf Minuten Mathematik: 100 Beiträge der Mathematik-Kolumne der Zeitung DIE WELT (3. Aufl.)

by Ehrhard Behrends

Copyright © Springer Fachmedien Wiesbaden , 2013

This edition has been translated and published under licence from

Springer Fachmedien Wiesbaden GmbH, part of Springer Nature

本书由施普林格·自然集团授权世界知识出版社独家出版。

未经出版者和权利人书面许可，不得以任何方式复制和抄袭本书内容。

著作权合同登记号 图字：01-2019-6730号

书　　名	**数学美文 100 篇**
	Shuxue Meiwen 100 Pian
策　　划	席亚兵　张兆晋
责任编辑	苏灵芝
责任校对	张　琨
责任印制	王勇刚
封面设计	张　乐
出版发行	世界知识出版社
网　　址	http://www.ishizhi.cn
地址邮编	北京市东城区干面胡同 51 号（100010）
电　　话	010-65265923（发行）010-85119023（邮购）
经　　销	新华书店
印　　刷	文畅阁印刷有限公司
开本印张	710×1000 毫米 1/16　18 印张
字　　数	340 千字
版　　次	2020 年 5 月第 1 版　2020 年 5 月第 1 次印刷
标准书号	ISBN 978-7-5012-6188-8
定　　价	65.00 元

德文第 3 版

中文版

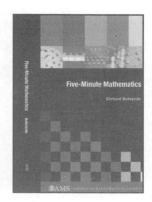

英文版

法文版

日文版

俄文版

意文版

韩文版

土文版

不同语言版本

著者前言

第 1 版前言

在 2003 年，德国全国性报纸上第一个数学专栏诞生于影响卓著的《世界报》（DIE WELT）。每个星期一，《世界报》都会在它的《五分钟数学》专栏刊登一篇数学文章，而《柏林人邮报》则在数周后异步转载。

两年之后，100 篇专栏文章公诸于世。这些文章题材广泛，有兴趣的读者可以从中读到涉及数学很多方面的内容：密码学与编码理论，迷人的素数与无穷，CD 播放器以及计算机断层扫描技术的数学原理，曾经引起广泛讨论的"三门问题"等迷人的概率论话题，等等。

本书收入该专栏迄今所刊载的全部文章，文章收入时经过认真的编辑，添加了注释和插图。正因此，本书的篇幅比原来的专栏增加了一倍。

对不具备专业数学知识，又想要了解当代数学诸方面的读者，这是一本很合适的休闲数学书。当然，作者也希望在学校中饱受数学摧残的读者相信，数学不是枯燥无趣的，它事实上充满魅力，读起来让人兴奋不已。

埃温哈德·贝兰茨

2006 年 7 月于柏林

第 2 版前言

《五分钟数学》出版以来受到了广泛的欢迎，现在已经有了日语和英语译本。与英文译者大卫·克雷默的交流让我受益甚多，他指出了多处打字及排版错误，对书中一些地方提出非常有益的问题，这让我们得以纠正原版的排印错误，同时对某些文章做出更易于读者理解的修改。

需要指出的是，《五分钟数学》专栏目前依然在《世界报》继续刊登。现在，12位作者共同担任专栏作者，每人负责一个月，而我自己则负责专栏的协调工作。

埃温哈德·贝兰茨

2008 年 5 月于柏林

第 3 版前言

本版增加了若干新的内容，特别应该指出的是，我们增加了关于乐透彩票、指数增长等内容的短视频的链接，扫描书中提供的二维码[①]，读者就可以在 Youtube 上观看这些视频。

我非常高兴的是，本书的成功并不局限于德国的版图之内，它在 2006 年被译为日文，2008 年被译为英文，并在 2012 年被译为法文，而意大利文、俄文和土耳其文版本也将在不久之后面世。

亲爱的读者，请您们相信，数学确实具有很多有趣的方面，它是我们文化的一个重要部分。更关键的是，即便没有特殊的数学教育背景，您也能够欣赏许多数学的美妙。

埃温哈德·贝兰茨

2012 年 12 月于柏林

---

① 出于实用考虑，中译本删去了这些二维码。——译注

洛绍序

《世界报》上的《五分钟数学》

在大多数人的心目中，数学是非常不讨喜的，它只是关于数字和公式的学问，艰深、抽象而难以理解。更关键的是，数学看起来与人们的日常生活毫不相干。因此，也许只有以特别的、有趣味的方式呈现，让数学像乐曲那样拥有旋律，才能唤起人们对它的热情。

不过，我坚信，只要架设起通向迷人的数学王国的桥梁，很多人将会乐意接近这位科学的王后。教师们可以巧妙地将数学融入到"现实生活"的故事之中。设想一下，如果我们通过抵押贷款合同中最有利条款中数值的计算，来引入关于抽象曲线的讨论，那授课效果将会怎么样？如果我们以公寓面积、装修时所需地毯多少的计算为例，来讲解几何知识，那效果又会怎么样？而在讲授关于素数的知识时，如果介绍素数与密码的编码和解码之间的关系，那将让不少学生竖起他们的耳朵。

我们的生活到处都需要用到数学。从收银机到利息计算，从银行卡密码到汽车和飞机的设计，乃至医院里的计算机断层扫描仪，统统都离不开数学。数学让空间探测器飞抵遥远的星球，让机器人拥有生命。数学决定着技术发展的步调，而如果你真正深入其中，你就会发现它是多么不可思议地令人着迷。

即便学校教育没有为人们架设好通向数学的桥梁，成年人仍然有机会走近这个科目。在媒体报道中，科学内容的分量近年来有了显著的增加。不幸的是，数学是一个例外。尽管应该得到更多的关注，以数学为主题的报道在媒体中还是极为少见。对很多编辑而言，数学似乎是一个恐怖的话题。

《世界报》对数学话题绝无畏惧，它对刊载数学文章毫不犹豫。例如，在2006年2月25日，它就曾以两版的篇幅刊登了一篇关于圆周率性质的文章。

《世界报》甚至划出固定的版面，开设以埃温哈德·贝兰茨教授为主笔的《五分钟数学》专栏，刊载了超过100期以数学为主题的专栏文章。我们从无数的来信中发现，读者对这个专栏非常非常感兴趣。结合现实生活中有趣的事例，这些数学文章写法精妙，简洁而容易理解。正因此，原本倍受嘲骂的数学突然间得到了广大读者的喜爱。

《五分钟数学》专栏已经赢得了《世界报》常规订阅者以外的众多读者。因此，我们很高兴能与尤维戈出版社开展合作，将其中的100篇结集出版，把它们呈现给更多的数学爱好者。

贝兰茨教授是通向数学王国桥梁的架设者。他对数学内容进行巧妙的包装，使读者感觉不到任何枯燥的抽象。如果要持续地提升数学的价值和声望，我们就需要更多像他一样的作者，需要更多的媒体为这些作者创造机会。

诺伯特·洛绍博士

《世界报》科学部主任，《五分钟数学》专栏主笔

译者序

知道这本书是一个偶然。在法国阿尔多瓦大学的一次聚会上,我恰好和校长帕斯卡尔·马默先生坐在一起。得知他是数学家后,我们聊起了许多与数学相关的话题。当我问起法国有没有好的休闲数学书时,马默先生说有,他说最好的法语数学科普书名叫《五分钟数学》。我于是知道了这本书的存在,并且在法国亚马逊下了订单。

法国人做事往往出人意料,邮购的是法语版,收到的却是包着法语封皮的英语版!然而,这是一个我乐意接受的意外,它让我对书中内容的欣赏变得更加容易。就这样,我很快发现:马默先生所言不虚,《五分钟数学》确实是数学科普方面难得的好书。

这本书出自名家之手,作者埃温哈德·贝兰茨博士是柏林自由大学数学与计算机系教授,他是泛函分析、概率论等方向的专家,同时也是著名的数学科普作家和教育家。贝兰茨博士与他人合著的《Pi 及其他:数学万花筒》以及《无处不在的数学:从毕达哥拉斯到大数据》(Alles Mathematik:Von Pythagoras zu Big Data)[①]等科普作品在西方颇具影响,而《五分钟数学》更是风靡欧、美、日、韩,目前已用德、日、英、法、俄、韩、意等语言在数十个国家出版发行。

这本书的内容总共分为 100 篇,每篇介绍一个数学话题,平均每篇阅读时间大约为五分钟。贝兰茨博士凭借巧妙的切入点,以简短的篇幅,深入浅出地讲述、剖析一个又一个有趣的与数学紧密相关的问题。简短、易读而又有趣,这是本书最大的特色,是它最为成功的地方。

从内容来看,这本书简直可以说是包罗万象:从乐透中奖的可能性、三门问题等概率论问题,到期权交易、对冲与风险等金融数学话题;从棋盘上堆放谷粒的数量、音乐与数学的关系等趣味数学的传统内容,到庞加莱猜想、量子计算机等新时代热门的讨论对象……与数学有关的形形色色的话题,都在本书谈论的范围之内。在这本杰

---

① 本书目前正在翻译中,中文版即将出版。

出的数学科普著作中，贝兰茨博士向读者展示了由基础数学、应用数学、金融数学以及日常生活中的数学所构成的、广阔而新奇的数学天地。

本书译自《五分钟数学》的德文第 3 版，为帮助中文读者更好地理解书中的内容，译者添加了近百条译注，并因文章之美妙，将书名改译为《数学美文 100 篇》。通过全书的翻译，译者确信贝兰茨博士所言不虚：本书不要求读者拥有丰富的数学知识，只要具备好奇心以及初中数学基础，读者就可以从这中学习到很多新的数学概念和知识，欣赏到各种数学的美妙与神奇，感受到数学的威力与无处不在。毫无疑问，这是一本非常值得拥有的好书，希望有兴趣的读者千万不要错过。

最后，译者想借此机会，向所有在本书的翻译过程中提供帮助的亲朋好友表达真诚的谢意。特别感谢南京大学数学系的陈石同学，他对译文作了最后的校读，指出了译者和编辑未能注意到的多处错误。

吴朝阳

2018 年 9 月第 3 稿于法国阿尔多瓦

2019 年 10 月第 4 稿于南京

引 言

　　这本书的历史可以追溯到 2002 年元月 25 日。那一天，德国数学会组织了一个与媒体的联谊聚餐会，大家在会上畅所欲言，讲述他们对数学的印象。作为《世界报》科学部的编辑，洛绍博士是参会者之一。几个月之后，我与洛绍博士再次见面，在与他的交谈中，我们形成了开设常规数学专栏的想法。

　　我草拟了包含大约 150 个专栏文章主题的选题大纲，我以"五分钟的数学"作为专栏名称的提议也被《世界报》接受，报社的图形艺术家则为专栏设计了徽标。《五分钟数学》专栏在 2003 年 5 月首次面世，它的第一篇文章刊载于 2003 年 5 月 5 日《世界报》周一版的第 12 版。就这样每周一次，周而复始，只有在星期一为节假日，《世界报》因此停刊时才会暂时中断。在被另一个专栏取代之前，《五分钟数学》专栏在整整两年的时间里总共发表了 100 篇文章。

　　在选择文章主题的时候，我同时考虑了这样的读者群：他们离开学校已经有一段时间，已经不再记得很多具体的数学知识，但却仍然想知道，数学中都有什么值得见诸报端：仅仅是关于 pq 公式和曲线的讨论吗？是不是一切问题都已经解决？关于数学我们能够了解到什么？在"现实生活"中哪里可以找到数学的影子？……在过去的两年中，我们谈论了许多不同的话题。正如随后的目录所展示的那样，它们覆盖面相当广泛，有经典的数学，也有最新的进展；有轻松的文字，也有略微难以消化的内容。通过这些文章我们看到，数学事实上在我们的生活中无处不在：例如彩票，密码学，计算机断层扫描仪，以及银行业的各种价值计算，它们统统都离不开数学。

　　早在专栏结束之前，尤维戈出版社就建议我将这些文章结集出版。对这个提议，我有迅速回应的理由：首先，大量专栏的常规读者都希望这些文章能够结集成书。其次，专栏文章的深浅、范围及长短都受到专栏格式的限制，某些文章的内容因此存在必然但令人遗憾的裁剪，我希望这样的缺憾能够在结集出版时得到补救。此外，专栏的版面大小固定，而书籍则可以自由地增加文字以外的内容，例如照片、绘画、插图、以及表格等等。

在编辑成书的过程中，我对原始的专栏文章进行了改写，篇幅因此增加了一倍。其中有些文章，例如讨论"三门问题"的第14篇，由于不愿错失详细介绍其数学背景的机会，改写时添加了相当多的内容。另外一些文章，例如介绍电影中呈现的数学的第87篇，则基本上没有进行任何改动。虽然以当前电影的画面作为配图的想法相当有吸引力，但版权费的多寡却难以预知。

本专栏的着重点在于以下三个方面：

（一）数学是有用的。如果没有数学，我们现在的科学技术将是不可能的。我们的专栏文章将使这个结论变得十分清晰。事实上，越来越多的产品将拥有"数学内涵"的标签。

（二）数学是迷人的。在具体应用之外，数学还呈现出非常特殊的智力上的吸引力，人类求解未知问题的渴望会激发出难以估算的能量。

（三）如果没有数学，世界将是不可理解的。伽利略曾说过："自然这本书是用数学语言写成的"。在他的时代，这只是一个前瞻性观点。但今天我们知道，数学是一座桥梁，引领我们进入远远超出人类想象力的领域。如果没有数学，今天没有任何人有机会"知道什么是宇宙的核心"。

在这里我想表达我对洛绍先生的感谢，他使我有幸为《世界报》的读者撰写了整整两年的数学专栏。我们的合作是无与伦比的。

非常感谢埃尔克·贝兰茨为本书提供了很多图片，尤其是本书第6、第10以及第15篇的配图。我也很感谢我的同事，哥本哈根大学的瓦格·汉森和牛津大学的罗宾·威尔逊，他们提供了本书第53和第89篇中的配图。最后，我还要感谢蒂娜·谢勒女士和阿尔布雷希特·魏斯先生，他们纠正了本书所有的排印错误，使亲爱的读者们不必对本书的行文有任何的担心。

目 录

001 机会渺茫
中乐透大奖的可能性有多大?

为讨论方便,我们假设,你生活在像柏林或者汉堡那样的大城市里,坐在公共汽车上。恰好,一位乘客下车,却粗心地把雨伞忘在车上。你将那把雨伞带回家,然后拿起本市的电话黄页本,随机挑出 7 个号码来拨打,希望能碰巧打到雨伞主人的电话上。

图 1 遗失的雨伞

这当然是一个纯粹虚构的故事,而这种寻找失主的方式在现实中会让人笑掉大牙,它太异想天开,毫无成功的可能。但是,请别笑得太早了!你身边有很多的同胞,每个周末晚上都希望能够挑中正确的乐透大奖号码,而这成功的可能性只有 1/13 983 816!比起上面虚构的寻找雨伞主人的办法,中乐透大奖的成功率还要小得多——因为,乐透的六个数字,总共有超过 1 000 万种组合!

很多乐透玩家选择以往不经常出现的数字,觉得这样做的成功率会高于上述概率。但是,这种策略毫无依据,因为未来的随机选择不会"记得"以往发生的事情。一个数字,比方说 13,即便它在今天之前很长一段时间里都没有出现在乐透大奖的数字序列里,今天它出现的概率也不会有任何变化,仍然和其他数字出现的概率完全一样。另一些玩家则自己"发明"选择公式,相信它可以打败概率。然而,这种努力也绝对是徒劳无功,这在几十年前就已经从理论上被严格证明。

我们最后给大家一点忠告:乐透玩家事实上还是可以做一点事情的,那就是选择多数其他乐透玩家不会选中的数字组合。这并不能增加中奖的可能性,但是万一中奖,与其他中奖者平分奖金的可能性将会小一些。当然,说比做总是要容易得多。最近有一次,很多幸运的乐透中奖者发现,他们的暴富之梦大大缩水,因为中奖人数出人意料的多,而其原因是：中奖的数字在奖票上构成十字形状，因而被很多乐透玩家选中。

当然，乐透赢得的钱可以做很多很多的事情，对这种期望产生的甜蜜感，数学是无话可说的，我们只能说：祝君好运！

为什么恰好是 13 983 816？

乐透大奖之数字组合的总数是 13 983 816。那么，数学家是怎么得到这个准确的数字的呢？我们来看看其中的数学道理。我们选择两个数，称为 n 和 k，并且假设 n 大于 k。我们的问题是：n 个元素的集合总共有多少个 k 个元素的子集合？

图 2　一种乐透奖彩票

这像是一个抽象的数学问题，但它与我们关于乐透的问题直接相关。一种乐透的数字组合，说到底无非是从 1 到 49 这 49 个数字中选出 6 个数字。这就是说，它是我们上述一般性问题在 $n=49$，而 $k=6$ 时的情形。相似地，我们可以举出其他的例子，比如：

- 对 $n=52$，$k=5$，这等于在考虑从一副 52 张的扑克牌中抽出 5 张，总共有多少种结果的问题[①]。
- 如果在一次由 14 个人参加的会议上，每两个人都相互握手一次，我们想知道总共有多少次握手的话，那就要考虑 $n=14$，$k=2$ 的情况。

我们回到一般性问题，它的答案虽然是整数，但通常的表示形式是一个分数，它以 $n(n-1)\cdots(n-k+1)$ 为分子，而以 $1\times2\times\cdots\times k$ 为分母。这样的分子对于初学者来说好像有点吓人，但它不过是从 n 开始向下的连续 k 个整数的乘积而已。（对这个公式来历有兴趣的读者在第 29 篇可以找到答案。）

下面我们举几个例子：

- 对我们的乐透问题，我们需要将 $49\times48\times47\times46\times45\times44$ 除以 $1\times2\times3\times4\times5\times6$，而其结果正是 13 983 816。
- 对扑克牌问题，我们计算 $52\times51\times50\times49\times48$ 除以 $1\times2\times3\times4\times5$ 所得的商，结果等于 2 598 960。由于这些组合之中只有 4 种王牌同花顺，即 4 种花色的从 A 到 10 的顺子。因此，得到王牌同花顺的概率是 4/2 598 960 = 1/649 740。换句话说，

[①]　此处原文是关于德国的"斯卡特"牌游戏的例子，我们改以大家熟悉的扑克牌为例。——译注

大约每 200 万次抽牌会出现 3 次王牌同花顺。

- 握手问题很简单，通过心算就可以完成：14×13 除以 1×2，结果等于 91。

4 千米高的一摞牌

我们前面虚构了随机挑选电话号码以寻找雨伞失主的方式，它可以帮助我们理解乐透大奖中奖可能性之微小。类似的例子并不难得[①]，下面我们再举一个：

首先，如果把 13 983 816 张牌摞在一起，它的总高度将达到 4.37 千米。现在，我们假设其中只有一张做过记号，那么只抽一次却恰恰抽中做过记号的牌的可能性，就与买一张彩票就中得乐透大奖的概率一样。我们顺便在这里指出，同样用扑克牌打比方，德国超级乐透大奖的概率，相当于从 4.37 千米高的一摞扑克牌中一次即抽中唯一做过记号的牌张。

意大利的乐透

几乎每个国家都有乐透，但规则却各不相同。我们可以拿意大利的乐透来做例子，它的乐透有两种不同的玩法。通常的玩法是在总共 90 个数字的彩票上选取 2 个、3 个、4 个或 5 个数字。开奖时公布的是 5 个数字，是否中了什么奖取决于我们选中了其中多少个数字。如果我们选 5 个数字，那么它和德国的乐透是相似的，只不过相当于 $n = 90$，而 $k = 5$ 的情形。计算 90×89×88×87×86 除以 1×2×3×4×5，我们得到数字组合的总数为 43 949 268，比德国的乐透更难中奖。

意大利的另一种乐透是"90 选 6"的变体，它有 622 614 630 可能的得奖数字组合，与德国超级乐透一样是中奖概率极低的彩票。

德国乐透有一个规则：当乐透奖金池的奖金总数累积到一定程度时[②]，累积的奖金将有一部分被转为较低奖级的奖金。意大利则不同，他们的乐透奖金可以一直累积，因此可能出现选中 6 个数字即可以获得高得离谱（比如说超过 1 亿欧元）的大奖的情形。出现这种情况时，附近国家的居民会乘坐大巴，络绎不绝地到意大利购买乐透彩票。

---

① 在第 83 篇我们可以看到另一个例子。

② 本期乐透无人中得大奖时，其累积的奖金将转入下一期乐透。——译注

002 数学真神奇
自然数的故事

　　今天我们来介绍一个猜数字的游戏。首先，请您随便选择一个 3 位数字，然后连续写 2 遍，构成一个 6 位数字。比方说，假设您选中了 761，那么您就写下 761 761 这个六位数。接下来，请您把这个数除以 7，得到的余数就是您的幸运数字。我们知道，除以 7 的余数只能是 0、1、2、3、4、5、6 这 7 个数字之一。现在，如果把您的数字和得到的余数写在明信片上，寄给德国《世界报》的编辑，报社将会给您奉上与您的幸运数字数目相同的欧元。

$$
\begin{array}{r}
108823 \\
7\,\overline{)\,761761} \\
\underline{7} \\
06 \\
\underline{0} \\
61 \\
\underline{56} \\
57 \\
\underline{56} \\
16 \\
\underline{14} \\
21 \\
\underline{21} \\
0
\end{array}
$$

图 3　计算 761 761 的余数

　　如果您得到的余数凑巧是 0 的话，那么恭喜您，您和大家一样，计算能力都没有问题！因为，这个小游戏的余数事实上总是等于 0。

　　为什么会这样？其原因是隐藏在整数背后的一个数学规律：换句话说，把一个 3 位数连续写 2 遍而得到的 6 位数字，等于该三位数乘以 1 001。而 1 001 是 7 的倍数，因此我们得到的 6 位数总是可以被 7 整除——这，就是余数总是等于 0 的原因。

这个游戏还可以稍稍地改头换面，我们可以用 100 欧元作彩头，来预言上述游戏所得到的余数。

事实上，魔术师经常会在他们的节目中应用数学事实。一个数学事实，如果违反人们日常生活的经验，却是其背后深层次数学定理的正确结果，那么它就可能进入魔术师的法眼。

这里，我们有一个忠告：魔术和香水一样，它的包装至少与内容有着同等的重要性。没有人会说"请你把选中的三位数乘上 1 001"，虽然这和将那个三位数连续写两遍是一样的效果，但如果直接说是乘以 1 001，整个游戏就很容易被戳穿，人们很可能马上就意识到 1 001 是 7 的倍数这个事实。此外，由于 1 001 等于 7 乘以 11 再乘以 13，小游戏中"除以 7"的部分可以改成"除以 11"或"除以 13"。显然，余数仍然会是 0，只不过除法计算会略为复杂一点点。

进一步的变体：1 001、100 001……

我们上面的游戏中，是不是非得用一个三位数不可呢？我们可不可以用 2 位数或 4 位数，来做相似的游戏呢？

考虑一个两位数 n，我们把它写成 xy —— 这里，x 是 n 的 10 位数字，而 y 是它的个位数字。把这个数字连续写两遍，得到 4 位数 $xyxy$，它显然等于 xy 乘以 101。然而，101 是一个素数，也就是没有真因数的自然数。因此，$xyxy$ 的真因数只有 101 以及 xy 的因数。在我们的游戏中，xy 这个数是任意选定的，所以除数必须与它无关，因而可能的除数就只有 101 一个选择。这很不幸，因为除以 101 的计算对玩这个游戏的朋友而言，可能难度有点大。而另一方面，除法得到的商恰好是原来的 xy，这可能使这个游戏很快就被看破。所以我们说，用两位数来做这个游戏，并不是一个好主意。

那么，4 位数的情况又会怎么样呢？重复写一个 4 位数，等于把它乘上 10 001。10 001 不是素数，它等于 73×137。因此，我们可以把一个 4 位数写 2 遍，将得到的 8 位数除以 73 或者 137，这可以保证得到的余数等于 0。不过，问题来了：哪个玩游戏的人会有耐心去做除以 73 的除法计算？

由于 100 001 等于 11 和 9 091 两个素数的乘积，而这两个除数也都不利于做除法运算，因此 5 位数也不是我们游戏的上佳选择。继续考察，我们发现，下一个有小的因数的是 1 000 000 001，它是 7 的倍数。然而，我们真的想要选择一个 9 位数，然后把它连续写 2 遍吗？这对于一个简单游戏显然是太复杂了！所以，我们最后的结论是：还是坚持原来的设计，用 3 位数来做这个游戏为好。

最后，对形如 10···01 的整数，我们列出如下因数表。

整　数	素 因 数
101	101
1001	$7 \times 11 \times 13$
10001	73×137
100001	$11 \times 9\,091$
1000001	$101 \times 9\,901$
10000001	$11 \times 909\,091$
100000001	$17 \times 5\,882\,353$
1000000001	$7 \times 11 \times 13 \times 19 \times 52579$
100000000001	$101 \times 3\,541 \times 27\,961$
100000000001	$11 \times 11 \times 23 \times 8\,779 \times 4\,093$
1000000000001	$73 \times 137 \times 99\,990\,001$

对数学与魔术之间关系有兴趣的读者，不妨参考马丁·嘉德纳（Martin Gardner）所著《数学、魔术以及神秘现象》（Mathematische Zaubereien），而本书第 24 及第 86 篇也介绍了其他以数学为基础的魔术。

003 船长贵庚?
数学的精确性

　　数学被恰如其分地认定为精确的科学，其严格的逻辑结构成为许多其他自然科学与人文科学领域的榜样。一个著名的例子是牛顿的代表作《自然哲学的数学原理》。这部杰作以关于世界的少数基本定义和公理——例如从"什么是力？""什么是质量？""运动的基本原理是什么？"等——为出发点，以严格推理的方式，推导出物理世界的一个经典模型，导致了自然科学的革命。

　　在牛顿之后，科学界产生了一种关于自然界发展变化的信念，相信所有现象都可以拆分而还原为最简单的机械模型。这，在今天看来是幼稚的。然而，对于用数学术语表述，乃至于用数学公式装饰的断言，我们身边很多人仍然有特别予以信任的倾向。不过，恰如其分的怀疑也相当常见，因为人们意识到，只有以清晰的底层概念为基础，才能期望得到有用的结果。我们对于"速度"的定义都没有异议，但对"寒冷指数"则不然，它完全是关乎主观的事情。因此，对诸如风与寒冷感觉关系之类的公式，人们的态度因人而异，一些人觉得它们很有意思，另外一些人则认为是无稽之谈。

　　总之，我们需要记住数学的局限性。如果没有足够的信息，那么无论我们有多么聪明，我们都无法得到有用的结果。有些问题的答案之不可能，有时甚至使问题变成纯粹的笑话。比方说我们问道："一条船的长度是 45 米，请问船长的年龄是多少？"

　　所有人都知道上述问题纯属无稽，但我们经常会遇到本质上相似的问题。一个常见的例子是："德国队成为世界冠军的概率是多少？"此外，在没有人知道抽奖活动总共有多少个奖，参与抽奖的人又有多少的前提下，中奖的概率又如何能够计算？

寒冷的感觉及其他

　　风吹到身上时，我们会有"冷"的感觉，因此我们有"寒冷指数"的概念。寒冷指数的一种公式是：

$$T_{WC}= (0.478 + 0.237 \sqrt{v} - 0.0124v)(T-33).$$

这里，T_{wc} 表示感觉到的温度；v 是风速；T 则是实际的华氏温度。

寒冷指数公式是对"精确"产生误解的一个例子。所有人都同意，当强风吹过时，我们的身体会感觉到寒凉。然而，我们很难找到感觉完全相同的两个人，因为寒凉的感觉与个人的衣着、体质等诸多因素密切相关。

然而，寒冷指数公式让人觉得，寒凉感是可以准确计算的。有些公式甚至使用多个参数，并计算到 4 位有效数字。我们可以肯定的是：风越强，感觉越寒冷。然而归根到底，我们最好只使用粗糙的表格，因为那些精确公式其实给人以误导，让人以为寒凉感可以准确而统一地计算出来。

与此同时，相似的公式纷纷涌现，例如，图 4 是某报给出的"根据其饮料消费数量决定女性鞋跟的公式"，还有悬疑小说产生的紧张程度的公式等等。这类"科学"公式经常可以在报纸的"特色"栏目出现。在边吃早餐边读报纸时，有些人不禁感慨：数学已经成为幽默的来源。

$$h=Q(12+3s/8)$$

图 4 根据其饮料消费数量决定女性鞋跟的公式

004 眩目的大素数
存在无穷多个素数的证明

显然，最简单的数是所谓的自然数，就是我们数数时所用的1，2，3，…。这些数中，有些具有特别的性质，它们不能写成多个较小的自然数的乘积。这种数中，最小的几个是2、3和5，而101和1 234 271也具有同样的性质。我们将这种数称作"素数"。从数学的萌芽阶段开始，素数就开始呈现出迷人的特性。

素数最大可以有多大？2000多年以前，欧几里得给出了一个著名的证明，证明素数有无穷多个，因此存在比任意给定自然数还大的素数。欧几里得证明的想法是这样的：他先定义一个储存着"所有"素数的"机器"，然后产出一个与这个机器里所有素数都不同的素数。这样就可以得到结论：素数的总数不可能是有限个。

这一事实产生很多惊人的后果，有些甚至让部分读到的人头晕目眩。我们举一个例子：欧几里得的结果说明，存在如此之大的素数，书写它将用尽历史上生产的所有墨水。截至本文完成时，人们发现的最大的素数有400多万位数字[①]。如果我们出版一本只印刷这个素数的书，它将会是一本厚达800页纸的"巨著"。巨大素数可以用于密码编制，但从实用的角度出发，人们一般只采用数百位数字的"小"素数。

数学有一个分支称为"数论"，它的主要目的就是研究素数，发现素数的性质。这个研究领域，被伟大的数学家高斯称为"数学的皇后"[②]。

输出素数的机器

我们先给出欧几里得所描述的素数的机器。假设我们已经给定了 n 个素数，我们将它们记为 p_1, p_2, p_3, …, p_n。如果您觉得这样的描述过于抽象，那么我们不妨用具体的例子，比方说，我们的素数是4个，即7、11、13、29。换句话说，$n = 4$，而 $p_1 = 7$，$p_2 = 11$，$p_3 = 13$，$p_4 = 29$。

---

① 目前已经发现的最大素数是第51个梅森素数，共有大约2486万位数字。——译注
② 原文其实是"数学的王后"，但"王后"已经积非成是地被译为"皇后"，所以我们遵循旧译法，特此说明。——译注

现在，我们将这些素数"输入"机器，把它们乘在一起，然后再加上 1。我们将这个运算的结果称为 m，即

$$m = p_1 p_2 p_3 \cdots p_n + 1。$$

就我们的特例而言，$m = 7 \times 11 \times 13 \times 29 + 1 = 29\,030$。

我们知道，每个（大于 1 的）自然数都有至少一个素因数，m 也不例外。我们将 m 的一个素因数记为 p。根据 m 的构造方式，m 不能被 p_1, p_2, p_3, $\cdots$, p_n 中的任何一个整除，因而 p 与 p_1, p_2, p_3, $\cdots$, p_n 都不相同。在我们的例子中，p 可以选为 5，它是 29 030 的素因数，但与 7、11、13、29 都不相等。

综合以上讨论，我们不难发现：对任何给定的一组素数 p_1, p_2, p_3, $\cdots$, p_n，我们可以产出 p_1, p_2, p_3, $\cdots$, p_n 之外的素数。因此，所有素数的集合不可能是有限集合，因为——我们能够从有限的素数集合"生产"出新的素数。

图 5 给出一些例子，列出 $p_1 p_2 p_3 \cdots p_n + 1$ 的所有素因数。注意例 2 和例 3，我们并不要求输入的素数各不相同。

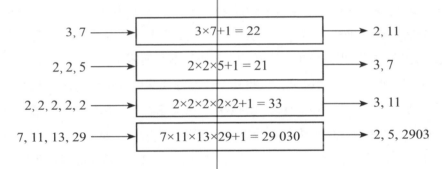

图 5 欧几里得的素数机器

那么，欧几里得的机器能够产出所有的素数吗？我们的意思是：我们把已知的 2 这个素数输入欧几里得机器，得到 3 这个输出结果。接着，我们输入目前已知的 2 和 3 这两个素数，得到素数 7。接下来，我们输入 2、3、7……当然，我们 2、3、7 只是可能的输入，我们未必一次性全部用上，其中有的素数也可以重复使用。换句话说，我们的问题是：是不是所有的素数都会出现在欧几里得机器的输出列表里？

上述问题的答案是"Yes"。原因其实很简单：对任何一个素数 p，$p-1$ 都是某些（未必各不相同的）素数 p_1, p_2, p_3, $\cdots$, p_n 的乘积。因此，输入 p_1, p_2, p_3, $\cdots$, p_n，则欧几里得机器的输出结果就等于 p。这样，用数学归纳法我们就可以证明：对任意自然数 n，所有小于 n 的素数都是欧几里得机器的输出。

图 8 接下来的增长，出人意料

图 9 没过多久，不得不放弃

指数增长之二：一张纸能对折多少次？

在继续阅读之前，请回答下列问题：你觉得一张纸可以对折多少次？多数人的答案是错误的，他们给出的数字太高了。

在将纸张对折的时候，有两个问题需要考虑。首先，折叠结果的厚度是呈指数增长的，每次折叠后厚度都增加一倍。于是，在 5 次对折之后，因为 $2 \times 2 \times 2 \times 2 \times 2 = 32$，所得的厚度是原来纸张的 32 倍厚，这大约等于 1 厘米。如果我们再把它对折 5 次，那么得到的厚度将会是 32 厘米！

然而，这是不可能做到的！当多层纸叠在一起，达到厚度 r 的时候，上层的纸和下层的处境完全不同。换句话说，下层纸必须被拉伸出半径为 r 的半圆，才能够与上层一起折叠。圆的周长等于 $2\pi r$，所以下层纸需要拉伸出 πr。比方说，如果 5 次对折得到的厚度是 1 厘米的话，那么下层纸需要被拉长大约 3 厘米。

在折叠几次之后，这种拉伸就会达到纸张的极限，更多的对折就成为不可能。经验表明，纸张对折的极限次数是 8 次。有意思的是，柏林一家电台想要验证这个数字，他们在 2005 年 9 月 12 日进行了公开试验。他们使用的是 15 米长、10 米宽的超大纸张，但即便如此，人们仍然无法突破 8 次这个极限数字。[1]

---

① 纸的延展性能与长度的改变可以影响这个纪录。据报道，美国得克萨斯州圣马克中学的师生曾将一张将近 4 千米长的厕纸对折了 13 次。——译注

007 密码的关键
用随机数编码

数百年以来，人们一直有一个梦想，想找到一种加密的方法，使得传送的秘密信息不被他人所知晓。"密码学"是成就这一梦想的一个数学分支，它在现代得到非常广泛的应用。

图 10 恩尼格玛密码机

有趣的是，正是加密方法的发展，促使一些特殊的数学领域走出它的象牙塔。比如数论，它本来是研究 1,2,3 等自然数[①]的数学分支，但在过去的数十年间，由于其最新结果在加密信息传输安全性方面的重要意义，关于素数性质的知识突然间具有极高的商业价值。

密码学从来都是神奇结果的稳定来源。这开始于这样一个发现：对用于加密和解密的信息的保密已经不再必要。换句话说，"公开密钥加密术"思想促使这个领域产生革命性变化。现在，密码安全性只依赖于关于素数的几个特殊问题：对一个等于两个巨大素数乘积的自然数，谁能够找到它的素因数，他就可以破解相应的密码。对于较小的自然数，寻找素因数的问题并不难，例如，35 等于 5 与 7 的乘积。但对于大的数字，问题就不再简单。对 49 402 601 这个数字，要发现它等于 33 223 与 1 487 的乘积就不是很简单的事情。而对于密码学而言，它使用的是具有几百位数字的巨大自然数！如何在有限时间内找出如此巨大的自然数的素因数？科学界通常相信，这样的算法不可能在实际应用中出现。因此，几年前的一件事情引起巨大的波澜：有证据表明，如果人们真的制造出量子计算机的话，它将可以轻易地完成

[①] 与我国中小学所讲授的有所不同，本书的"自然数"集合不包括 0。——译注

这种因数分解的计算！密码学家现在还可以高枕无忧，但如果能够证明目前的密码系统确实足够安全，他们心里会更加踏实。

随机密钥是安全的！

密码学与素数间的关系非常重要，在本书第 23 篇中，我们会更详细地介绍密码学与素数的关系。

然而，即使没有素数，只要我们愿意容忍一点小小的瑕疵，绝对安全的加密方法也是可能的。这类方法之中，最著名的一种是这样的：将一枚硬币抛掷很多很多次，比方说 10 000 次，并用 0 和 1 记录下抛掷的结果序列（约定俗成地，我们用 0 表示反面，用 1 表示正面）。如果我们觉得真的抛掷硬币太过麻烦，我们可以让计算机来模拟这件事。总之，结果可能是这样的：

00101111011011100000…

现在，这个我们称为"密钥"的序列将被用于信息的加密。为简单起见，我们假定需要加密的信息也是一个由 0 和 1 组成的序列[①]。

我们假设，需要加密的信息是如下的模样：

10111001100000011000…

为了给信息加密，我们先把抛掷硬币得到的随机序列写在信息的上方：

00101111011011100000…

10111001100000011000…

然后，当对应位置的数字相同时，我们写下"0"，而数字不同时则写下"1"，得到如下的序列：

10010110111011111000…

现在，我们得到的信息就可以安全地传送出去了。原因很简单，没有人能够知道我们抛掷硬币的结果到底是什么样的序列。而对于掌握着密钥的接收者而言，解密信息的过程非常简单。例如，假设密钥的第一个数字是 0，而加密信息的第一个数字是 1 的话，那么，未加密信息的第一位数字就必然是 1。（因为如果它是 0 的话，加密的结果就是 0 而不是 1 了。）

这种加密方法是绝对安全的，因为，对于长度为 10 000 的信息序列，总共有 $2^{10\,000}$ 种可能序列，而这些序列出现的概率是相同的，企图破解者绝对无从下手。不幸的是，

[①] 这是没有问题的，任何信息都可以通过一定的方法转换成由 0 和 1 组成的序列。例如，英文字母有 26 个，而 2 的 5 次方等于 32，因此每个字母可以用长度为 5 的 0-1 序列来表示。

这种方法有两个重大的缺陷：一是信息发送者与接收者都必须掌握密钥，而传送密钥的渠道有受到攻击的风险。其二，这种密钥只能使用一次，因为重复使用的话，破解者就可以利用其中的频率变化来破解密码。

基于数学理论的公开密钥加密法避免了上述两种缺陷，因此在当代得到广泛的应用。

密码学：关于秘密的科学

密码学是数学的一个分支，其中很多发现仍然没有公诸于众。当前研究的一个重要领域是关于如何从素数的乘积结果中找出其素因数的问题，这个问题与很多加密方法的安全性密切相关。

令人惊讶的是，对某些特别的情形，因数分解可以轻而易举地解决。然而，由于研究结果没有公开，人们并不知道究竟哪些特殊情形已被证明是可以轻易破解的，因而使用巨大素数进行加密，总还是让人有些许的不放心。

有一个例子对说明这种情形略有帮助，而其思想可以追溯到笛卡尔。假设我们发现一个大素数 p。从 p 出发，寻找此后的素数 q。因此，存在某个不太"大"的自然数 k，使得 $q = p + k$。作为例子，我们考虑 $p = 23\,421\,113$，$q = 23\,421\,131$。此时，$k = 18$。

在实际应用中，这些自然数常常大至几百位数字，但从数字的量级方面看，笛卡尔的思想是颇有意义的。将 p 和 q 相乘，我们得到 $n = pq = 548\,548\,955\,738\,803$。现在，我们能不能从 n 的数值出发，寻找出 p 和 q 的数值？如果我们猜出这个数中的 q 与 p 的数值相差不太大的话，那我们就有破解这个问题的可能。想法是这样的：

很显然，q 与 p 的差，也就是 k，必然是一个偶数，因此我们可以将它写成：$k = 2l$。$(p + l)$ 这个数恰好位于 p 与 q 的中间——随着故事的展开，我们会看到它扮演着重要的角色。现在，我们把这个数称为 r，即 $r = p + l$。显然，我们可以将 p 和 q 改写成：$p = r - l$，$q = r + l$。这样，$n = pq = (r - l)(r + l) = r^2 - l^2$，即 $r^2 = n + l^2$。现在我们看到 n 具有这样的性质：它加上一个平方数的话，得到的是另外一个平方数。这个性质使我们采取如下策略：

- 不断尝试将 n 与平方数相加，检查其结果是否也是平方数，这对计算机而言是轻而易举的事情。
- 一旦上一步找到结果，我们立刻写下 $r^2 = n + l^2$，并由 $p = r - l$，$q = r + l$ 得到 n 的因数。

就我们上面所举的例子来说，我们计算

009 金盆洗手待何时？
收手时机的数学定理

想象有一种概率赌局，你有一半的可能性输掉赌注，也有一半的可能性使你的赌注翻倍。比方说是抛硬币的赌局，抛得反面时你输掉你所下的赌注，而抛得正面时则赢得与赌注数额相同的赌筹。显然，这样的赌法谁都不吃亏，它是"公平"的。对这样机会均等的赌局，有没有下注的策略，使我们可以战胜概率，从而获得财富呢？从原理上讲，确实有几种可以做到这一点的办法。第一种是未卜先知，在抛掷硬币之前就知道它会出现正面或反面，然后只对出现正面的抛掷下注。这样，由于出现正面的概率有 1/2，一夜之间就可以赢得盆满钵满。可惜的是，我们这样的凡夫俗子没有未卜先知的能力。

图 12 轮盘赌

第二种办法要困难得多，收益也少得多。这是一种老赌棍们都知道的方法，其想法其实很简单：第一次参赌时投下 1 欧元的赌注，如果赢了，那就结束赌博，这样就赚得了 1 欧元。如果第一次赌输了，那么第二次就投下 2 欧元赌注。如果第二次取胜，那么收手不赌，同样有 1 欧元的纯收益。如果前两次都输了，那么第三次就投入 4 欧元的赌注。这时如果取胜，那就赢得 4 欧元，减去此前两轮输掉的 3 欧元，同样有 1 欧元的纯收益……总之，只要输掉当前轮，下一轮就加倍下注，只要有一次取胜，立刻就金盆洗手。不难算出，这种策略的最终结果是净赢 1 欧元。

然而，这种赌博策略存在两个问题。首先，由于玩家有可能连续输掉很多次，所以贯彻这种策略要求玩家有无穷无尽的财源。这本身是一个不可能的前提，更何况赌场都有下注的上限，一旦连续输到上限的数额，这种策略便无法继续实行。其次，如果在得胜之前赌场下班，那么此前输掉的赌资将血本无归。

在不可能未卜先知，赌博规则又绝对公平的前提下，只要赌场有赌注数额的上限以及参赌次数的限制，那么，数学可以严格地证明：必胜策略是不存在的。因此，所谓打败概率的赌博策略全都没有实战价值。诚实的赌客如果赢钱，必然离不开幸运女神的眷顾。

我几乎总是赢家

现在，为了准确给出上一段那个"退出时机定理"的陈述，我们引入一些必要的定义。首先，说一种赌博是"公平"的，到底是什么意思？事实上，这里的"公平"说的是这种赌法每轮的输赢概率都相同，都是一半对一半。比方说，如果我们玩抛掷硬币的游戏，抛得正面我赢1欧元，抛得反面我输1欧元，那这个玩法就是"公平"的。

接下来，我们需要确定一个退出赌博的规则，它可以多种多样，以下我们列出几个例子：

- 在第10轮退出；
- 在赢得100欧元后立即退出；
- 连续输掉3轮后立即退出。

我们必须明白，退出规则有无穷多种，而"退出时机"是概率决策中最重要的概念之一。

一旦我们确定了退出规则，也就确定了它所导致的平均收益。这就是说，如果我们遵循这个退出规则，参赌很长一段时间，那么我们就有望获得那个水平的平均收益。现在，"退出时机定理"可以这样来陈述：无论你的退出规则有多么复杂，平均收益的准确数值总是等于0！即便我们加上很现实的限制假设，假定赌资数额有限，定理的结论依然如故。

平均收益并不会因为任何人而改变，但"感知运气"的水平却是可以改变的。我们有可能更经常地以胜利者的姿态走出赌场，如下是获得这种结果的一种策略：

采取我们前面介绍的"输即加倍"的下注策略，在赢得1欧元时，或者达到赌场下注上限时，退出赌局，回家歇息。

为帮助大家理解这种策略，我们来看一个例子。首先，我们假定赌场下注的上限是1000欧元。假设你今晚运气极差，以"输即加倍"的下注策略连输十轮，即依次输掉1、2、4、8、16、32、64、128、256、512欧元。面对这种局面，由于下一次加倍的赌注超越了赌场的上限，按照上述策略你必须退场回家。这样的坏运气使你输掉1023欧元，然而，由于每一轮输赢的概率都是1/2，因此连输十轮的概率等于1/2的10次方，即1/1024。或者说只有大约千分之一的可能。换个角度讲，按照上述策略长期参赌的话，平均1000次中你有

999 次会带着 1 欧元的收益走出赌场。所以，你的"感知运气"相当不错，几乎每天都赢钱，只不过偶尔会大输一回。当然，这种策略只是让你感觉不错而已，你的平均收益仍然是 0。

后记：在 2006 年春天，很多电视观众获得了一个接触与"退出时机定理"相关的数学事实的机会：在一档电视节目中，某位嘉宾坚持认为他有一种必胜的赌博策略。他确实基本上都能够带着净收益走出赌场，但这并没有证明什么，因为我们上面已经证明，几乎 100% 的场次都获胜的策略是存在的。有意思的是，当本书作者以圣诞礼物为赌注，与这位嘉宾对赌其策略是否经得起严格检验时，这位嘉宾拒绝了对赌邀请。

010 猴子能否写作？
打字机前的灵长类

　　我们从思想实验[①]开始。你蹒跚学步的女儿坐到电脑面前，并开始敲打键盘。如果她打的时间足够长的话，就会不时出现拼写正确的单词。那么，我们会说你女儿已经学会拼写单词了吗？这个问题看似没有意义，却触及了一个早期在概率论领域引起广泛关注的哲学问题。让我们回到计算机还没有被发明的时代，面对插图中的打字机和坐在打字机前面的猴子。可以严格地证明，如果给这只猴子足够长的时间，它迟早会敲打出所有已经出版过的文章和书籍。这是因为，在一系列的随机实验中，每一种可能结果都拥有正的概率，只有时间足够长，或者说实验次数足够多，所有结果迟早都将出现。

　　以我们正在阅读的本书第 10 篇为例，它也会整篇出现在猴子随机敲打键盘的输出结果之中。问题是，基于上述事实，我们是不是应该认为猴子在某种程度上具有创作的能力？由于猴子最终真的打出了这篇文章，并且还将写下歌德的《浮士德》，以及今天报纸上的头条，这个谜题的答案并不简单。

图 13 是诗歌，还是小说？

---

　　① 　"思想实验"一词在本书出现多次，它的意思是用想象力进行现实中没有进行或无法进行的实验。——译注

不过，有两种理由让我们相信，随机性不可能取代人类的创造力。第一种是关于时间的：粗略的概率计算证明，虽然随机敲打中将会出现伟大的作品，但它们需要经历亿万年的时间才会面世。成千上万的猴子，在1000年的时间里，也不可能打出哪怕是《浮士德》的第一章。海枯石烂的时长，使这种随机"创作"没有丝毫的实际意义。我们的第二种理由更具有决定意义——当有意义的段落或文章出现时，谁能够充当那个大喊"好！就是这篇！"的人呢？如果没有智慧判断的介入，有意义的文字就无法被从浩如烟海的随机输出中挑选出来。连你也未必知道，你的女儿是否打出了一段西瓦西里语的诗歌。

猴子需要的时间有多长？

现在我们来估算一下，在猴子胡乱的敲打过程中，我们需要等待多长时间，才能得到一段有意义的文字。我们从概率论的一个结果出发，这个结果告诉我们：如果一个随机事件在一次试验中出现的概率等于 p，那么平均起来需要 $1/p$ 次尝试，这个随机事件才会出现。例如，一副52张的扑克牌中，一次抽取即抽中梅花 K 的概率等于1/52。因此，我们平均需要抽取 1/(1/52)，即52次，才会抽到梅花 K。

我们假设，我们等待的不是一段有意义的文字，而简单地只是"WELT"[①]这个单词。为了让我们的计算更加容易，我们只容许猴子每次打出四个字符，然后检查它是否就是"WELT"这个单词。如果不是，我们就换一张纸，让猴子继续打字。再简化一下我们的问题——假定猴子只敲打26个字母键，并且我们不在乎大小写的区别。这样，猴子每次打出的字符有26种可能，第一个字符打出"W"的可能性为1/26。因此我们不难得到：经过四次击键，猴子打出的结果有 26×26×26×26 种，即 456 976 种字母组合。这样，得到"WELT"这个单词的概率就等于1/456 976。也就是说，平均需要 456 976 次尝试，猴子才会打出"WELT"这个单词。当然，456 976 是一个平均数，运气好的话"WELT"这个单词早早就会出现，但运气不好时，我们就会等待很长的时间。

那么，上面的计算意味着什么？如果我们每隔10秒给猴子一张新的打字机用纸，那么一分钟我们可以有6个猴子的打字结果，每小时则有360个结果。以每天8个小时工作时长计算，一天可以得到 2 880 个结果。将 456 976 除以 2 880，得数大约等于159。这就是说，要等猴子打出一个"WELT"，我们平均需要等待将近半年的时间。

然而，"WELT"只不过是一个简单的单词，与一篇文章的复杂程度相比简直是天差地别。不考虑整篇的文章，我们先来估算一下，打出"FIVE‑MINUTE MATHEMATICS"

---

① 这是一个德语单词，意为"世界"，本文最初即刊载于《世界报》。——译注

这个词组需要多长时间？

现在，词组中有 23 个字符，由于需要空格和连字符，我们考虑 28 个键。这样一来，每个字符正确的概率是 1/28，正确地打出"FIVE-MINUTE MATHEMATICS"[①]的概率等于

$$\frac{1}{28^{23}} = \frac{1}{1\,925\,904\,380\,037\,276\,068\,854\,119\,113\,162\,752}。$$

这就是说，要得到这个词组，平均需要等待的次数为

$$1\,925\,904\,380\,037\,276\,068\,854\,119\,113\,162\,752，$$

这个数值约等于 2×10^{33}。按照本文前面的做法，每 10 秒换纸，每天工作 8 小时，每周工作 5 天，每年工作 52 周来计算，我们平均需要等待 2.67×10^{27} 年！看来，运气再好的猴子也永远不可能打出这个词组。

[①] 此处原著以德语"FÜNF MINUTEN MATHEMATIK"为例，我们改用读者较熟悉的英文，并对此后的计算作出相应的改动。——译注

011 同月同日生
生日相同的概率有多高？

我们前文已经说过，人类的直觉并没有特别为理解数学事实做好准备，人类进化只要求将少数关于空间与数目的基本概念和事实固化在人类的感知系统之内。尤其突出的是，概率论中的期望与数学事实常常更难以被我们所理解。

一个著名的例子是所谓的"生日悖论"：假设总共有 25 个人参加了一个聚会，那么，聚会中会不会有两位参与者生日相同？出现这种情况的概率有多大？计算这个概率并不是一件困难的事，而计算结果却有点让人吃惊：这个概率高达 57%！

如果我们对不同的聚会人数重复提出问题，我们会发现，对不很大的聚会人数，两人生日相同的概率就已经相当大。事实上，23 是这个问题的关键数字，它是聚会中有两人生日相同的概率超过 50% 的最小聚会人数。这与我们的直觉有相当大的反差，不少人都会猜测说，要到参加聚会的总人数达到 183 个时，两人生日相同的事件才会有 50% 的概率。

也许你不很信任我们介绍的数学，那么你不妨自己做一点探索。假如你有个正在上小学的孩子，你不妨找机会查看一下孩子同学的生日。如果你这样做，通常你会发现孩子班上至少有一对同学的生日是相同的。事实上，没有相同生日的同学的班级并不常见。

解决"生日悖论"中的概率问题并不难，我们只需要计算，n 次从 1 到 365 中随机选取数字，选得至少两个相同数字的概率。如果我们将 365 改为其他数字，它可能代表其他有趣的问题，而其计算也同样简单。例如，如果从 0 到 9 都可以出现在电话号码的任何位置，那么在一个随机写下的七位电话号码中，出现重复数字的概率高达 94%。这难道不是一个打赌的好机会吗？我可以和你打赌，你的电话号码里面有重复数字。按照我们刚刚的计算，我赌赢可以说是十拿九稳的事。

这些概率是怎么计算的？

上述问题的一般形式是：给定 n 个对象，随机 r 次从中选取一个对象。已知每个对象被选中的机会均等，并且可以被重复选取。

- **例 1** 生日问题：这里的"对象"是可能的出生日期，因此 $n = 365$ [①]。每个生日都可以解读为"从可能的出生日期中随机选取的一个日期"，因而随机选取的次数 r，就是参加聚会的人数。
- **例 2** 单词：如果我们随机键入 r 个字母的字符串，只考虑字母并且不分大小写时，我们面对的就是一个 $n = 26$ 的选择问题。
- **例 3** 电话号码：对一个随机选取的七位电话号码，如果每位都可以是 0 到 9 的任何数字，那么问题中的"对象"就是 0，1，…，9 这 10 个数字，即 $n = 10$。不言而喻地，问题中的 r 等于 7。

现在，我们考虑所有被选中的对象都相互不同的情形，计算出现这种情况的概率。如果我们计算出这个概率，我们也就知道了至少有两个对象相同的概率——它等于 1 减去"对象互不相同事件的概率"。例如，如果聚会中所有人生日都不相同的概率等于 65%，那么，聚会中至少有两人生日相同的概率就是 1−65%，即 35%。

要解答上一段提出的概率问题，我们需要应用一条古典概率模型的基本原理：

$$概率 = \frac{有利情形的数目}{可能情形的数目}，$$

当所有对象具有同等的概率被选中时，这条原理都是适用的。原理中的"可能情形的数目"就是所有可能选择的总数目。对于从 n 个对象中 r 次选取对象，并且可重复选取的情况，这个数目等于 n^r，也就是 n 与自己相乘 r 次的结果。

对于我们考虑的问题，"有利情形"的意思是：有多少选择方式，它们选取的对象互不相同？对第一个选择，我们没有任何限制，它可以在 n 个对象中任意选取。对第二个选择，由于"互不相同"的要求，它不能与第一个选择相同，因此它可以从 $(n-1)$ 个对象中选取。对第三个选择，由于它不能与前两个选择相同，因此只有 $(n-2)$ 种选择。依此类推，对总共 r 次选择，"有利情形"的总数等于：

$$n(n-1)(n-2)\cdots(n-r+1)。$$

于是，为计算我们所求的概率，我们只需要做如下运算：

$$\frac{n(n-1)(n-2)\cdots(n-r+1)}{n^r}。$$

---

① 相同生日问题是最著名的传统概率问题之一，传统问题未考虑闰年的 2 月 29 日，译者也不作更改，谨此说明。——译注

显然，这个式子可以化为

$$1\times\left(1-\frac{1}{n}\right)\times\left(1-\frac{2}{n}\right)\times\cdots\times\left(1-\frac{r-1}{n}\right)。$$

对于 23 人参加聚会的"生日悖论"问题，相应地有 $n = 365$，$r = 23$，因此，所有人生日互不相同的概率为：

$$1\times\left(1-\frac{1}{365}\right)\times\left(1-\frac{2}{365}\right)\times\cdots\times\left(1-\frac{22}{365}\right)\approx 0.493，$$

而对于 $n = 22$ 的情形，所有人生日互不相同的概率为

$$1\times\left(1-\frac{1}{365}\right)\times\left(1-\frac{2}{365}\right)\times\cdots\times\left(1-\frac{21}{365}\right)\approx 0.524。$$

当 $n = 23$ 时，所有人生日互不相同的概率小于 0.5，因此至少有两人生日相同的概率超过一半，即 $1-0.493 = 0.507$。此外，我们还可以看看当聚会人数更多时会发生什么情况：当聚会人数达到 30 人时，出现相同生日的概率达到 71%；对 40 人的聚会，相应概率达到 89%；而当聚会规模达到 50 人时，这个概率高达 97%！

这些概率的增长速度超乎我们的直觉，为更清楚解释这个现象，我们给出如下两个图表。

第一个是关于数字相同问题的图表。从 0 到 9 这十个数字中 r 次随机选取一个数字，出现相同数字的概率有多大？图表的第一行是 r 的数值，第二行是所有数字互不相同的概率，最后一行则是至少有两个数字相同的概率：

1	2	3	4	5	6	7	8	9	10
1.000	0.900	0.720	0.504	0.302	0.151	0.060	0.018	0.004	0.000 4
0.000	0.100	0.280	0.496	0.698	0.849	0.940	0.982	0.996 4	0.999 6

如果我们想要知道，比方说七位电话号码中出现重复数字的概率，那么查一查这个图表就清楚了：七位电话号码中出现重复数字的概率为 94%。

第二个是关于"生日悖论"问题的图表，它的第一行是参加聚会的人数，第二行是所有参与聚会者生日都互不相同的概率，第三行则是出现生日相同的参会者的概率，即至少有两个聚会参加者生日相同的概率：

1	2	3	4	5	6	7	8
1.000	0.997	0.992	0.984	0.973	0.960	0.944	0.926
0.000	0.003	0.008	0.016	0.027	0.040	0.056	0.074

9	10	11	12	13	14	15	16
0.905	0.883	0.859	0.833	0.806	0.777	0.747	0.716
0.095	0.117	0.141	0.167	0.194	0.223	0.253	0.284

17	18	19	20	21	22	23	24
0.685	0.653	0.621	0.589	0.556	0.524	0.493	0.462
0.315	0.347	0.379	0.411	0.444	0.476	0.507	0.538

所有骰子都不一样吗?

我们想要提及生日悖论的一种特殊情形:如果从 n 个对象中做 n 次随机选择,则每个对象恰好被选中一次的概率等于 $\dfrac{n!}{n^n}$ 。注意,这是 $r = n$ 的特殊情形,而 $n!$ 是从 1 到 n 所有自然数的乘积。

例 1 如果连续 9 次从 1,2,$\cdots$,9 中随机选取一个数字,所得 9 个数字互不相同的概率为

$$\frac{9!}{9^9} = \frac{362\,880}{387\,420\,489} = 0.000\,936\cdots,$$

即稍稍低于千分之一。

例 2 6 个骰子同时抛掷,掷得 6 个不同数字的可能性为

$$\frac{6!}{6^6} = \frac{720}{6\,656} = 0.0154\cdots,$$

这与本书第 40 篇中乐透选中 3 个数字的概率相同。换句话说,平均需要 65 次抛掷,6 个骰子的点数互不相同的情形才会出现。

后话:在 2006 年时,德国国家足球队共有 23 名队员,因此队中出现相同生日队员的可能性超过一半。而事实上,队中的麦克·汉克和克里斯托弗·梅策尔德都出生于 11 月 5 日。

012 真空与虚空
空集与集合运算

　　学数学的学生对虚空怀有极大的尊重，至少在他们开始学习数学的时候是如此。这说起来一点都不奇怪，古人经过数百年才接受 0 这个数字，将它与 7 或 12 同等对待。要理解其中的艰难，我们必须回忆关于集合论的故事。集合论由康托创立，后来成为整个数学学科的基石。根据康托的理论，集合是由特定的、互不相同的对象组成的另一个对象。这个概念对不学数学的人们来说也毫不陌生，他们都知道，比方说，美国是由 50 个州组成的，而欧盟则是一个包含 27 个国家的集合①。

　　当一个集合其实没有对象可"集"的时候，事情开始变得有点问题。例如，"所有身高 3 米的德国人的集合"，或者"所有能够在 20 秒内演奏完肖邦的小圆舞曲的乌克兰人的集合"。很显然，这两个集合都是"空集"。

　　空集一般以 Ø 为记号，它在集合论中的地位相当重要，与 0 在自然数中的地位可以相比拟。任何人都可以把空集加到任何一个集合上而不改变那个集合的大小，而这也是空集独有的性质特征。以空集为基础，人们可以建立起所有的数学。例如，我们可以这样做：首先以空集来对应"0"。其次，用以空集为唯一元素的集合来表示"1"。以此类推，接下来可以定义出 2、3 以及更大的数字。虽然涉及的集合越来越复杂，但我们可以用这种办法一步一步地定义出自然数，并在自然数的基础上构建整个数学大厦。

　　能理解空集这个概念，并不意味着解决了所有的困难。数学家们研究集合的性质，而其中特别重要的是诸如"集合中所有元素都具有某某性质"之类的断言。通常的认识是，所有这些断言对空集而言都是正确的。

　　诉诸我们的日常逻辑，这种认识是可以接受的。作为类比，我们举一个日常生活中的例子：假设某人许诺给每个他遇到的乞丐 5 欧元，而他今天没有遇到任何乞丐，那么，

---

① 克罗地亚于 2013 年加入欧盟，因此目前欧盟有 28 个成员国。——译注

我们就会承认他今天已经践行了他的诺言。

空集的特点与 0 很相似

这里我们要澄清的是以空集对应 0 的说法。首先，我们要了解集合的"并"的意思：两个集合 A 和 B 的并是一个新的集合，它的元素要么是 A 的元素，要么是 B 的元素，当然也可能同时是 A 和 B 的元素。以图 14 为例，假设集合 A 所包含的元素是 2、5、6，而 B 的元素是 6 和 8。那么，它们的并集是由 2、5、6、8 共四个元素构成的集合。再举个例子，如果 A 是所有柏林人的集合，而 B 是所有金发德国人组成的集合，那么，它们的并集就是所有柏林人与所有金发德国人一起构成的集合，其中包括红头发的柏林人，也包括金发的波恩人。

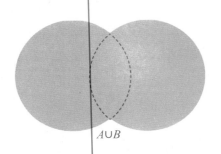

$A \cup B$

图 14 并集图解

A 与 B 的并集记为 $A \cup B$，读成"A 并 B"。对任何集合 A，我们都有

$$A \cup \varnothing = A。$$

这是因为，空集没有给并集添加任何元素。如果我们将"并"运算与数的加法做类比，则 $A \cup \varnothing = A$ 就相当于 $x + 0 = x$。

我们还使用 $A \cap B$ 这样的记号，它表示由集合 A 与集合 B 所共有的元素组成的集合。以前述的 A 和 B 为例，$A \cap B$ 就是由所有金发的柏林人所构成的集合。这种运算称为集合 A 与集合 B 的"交"，$A \cap B$ 读成"A 交 B"，其意义如图 15 所示。

$A \cap B$

图 15 交集图解

由于空集中没有任何元素，所以它与任何集合都没有公共元素，因此，对任何集合 A，都有

$$A \cap \varnothing = \varnothing 。$$

集合的并运算类似于数的加法运算，交则与乘法运算具有相似的性质。例如，上式就与乘法等式 $x \times 0 = 0$ 相类似。

"真空之虚"是古代自然哲学中的术语，它的意思是："世界上不存在虚空"。然而，真空能够而且确实存在，虽然它有"吸入"气体和液体趋势。

013 充分的逻辑很必要

充分与必要

今天我们的主题是人类的逻辑能力。为了让我们对这个主题在日常生活中的诸多映象有清晰的理解，我们将构建一些逻辑关系。举个例子，我们考虑这样一个显然正确的句子："如果今天是圣诞节，那么今天就没有人送邮件。"没有人会把这个句子与如下句子相混淆："如果今天没有人送邮件，那么今天就一定是圣诞节。"令人惊讶的是，混淆这两类断言的倾向出乎意料的严重。其实，我们只要想想"人靠衣装"的现象就明白了：富有的人可以穿名贵的衣服，但我们从妇女的衣着无法猜测她们银行存款的多寡。

然而，对更为抽象的情形，清晰的解释就变得困难许多。为此，我们的脑子里浮现出了曾经的"四边形争论"：在2003年2月，整个德国都被这样一个问题所困扰——这与"谁能成为百万富翁"节目中的一个问题相关——就是"矩形是不是梯形"的问题。如果我们接受"梯形是具有平行的两边的四边形"这一定义，那么这个问题的答案就是"是"。这对于很多可敬的市民而言是很难解释清楚的，从怀有恶意到疯狂攻击，他们大多数都会说：数学家怎么可以说出"每个梯形都是矩形"这种胡话？但是，数学家们其实并没有那么说……

是不是梯形？

为了避免因为四边形争论而打架或者离婚，我们必须承认，在教科书和词典中存在着一些让人混淆的地方。确实，在一些梯形的定义中，含有直角的四边形是被排除在外的。

从数学的角度看，这样的限制是没有什么意义的，因为它非常不经济。例如，假定我们通过严格的数学证明，得到了梯形的内角和等于360°这一性质。现在，假设我们要研究"矩形"这个对象。如果我们像数学家一样，认为矩形是梯形的特殊情形，那么我们马上就可以得到"矩形的内角和等于360°"的结论，因为对一般情形正确的断言对其特殊情形也同样正确。但若矩形不被算作梯形的话，要得到关于矩形内角和的结果，就必须在草稿纸上重新开始证明的过程。对其他关于梯形的性质，情形也是一样。

很多教科书把梯形画成图 16 的形状，但图 17 中的图形其实也都是梯形。

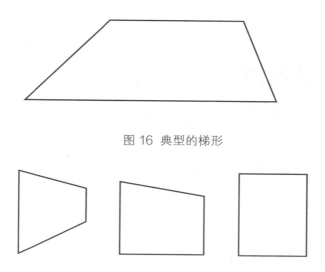

图 16 典型的梯形

图 17 其他梯形的例子

狗有逻辑吗？

图 18 是一张贴在门上的纸条，上面写的是"会吠的狗不咬人，我家的狗不会吠。"也许带着幽默，但这显然是一个警告。这里的问题是，由"会吠"可以推得"不咬人"，我们据此可以得到它的逆否命题，即"会咬人"可以推出"不会吠"。用逻辑学的语言说就是：若"p 推出 q"，则"非 q 推出非 p"。然而，这张纸条说"我家的狗不会吠"，暗示的是"不会吠"可以推出"会咬人"，这是不符合逻辑的——虽然，这张纸条还是会起到它的作用。

图 18 纸条上写着家里的狗不会吠，你还敢推门而入吗？

014 改之不为过
条件概率与贝叶斯公式

概率论中存在着很多悖论，其中许多与"人类的常识"相违背。正因此，所谓的"三门问题"才会在几年前风行一时，达到妇孺皆知的地步。

也许你忘了这是个什么问题，那么我们一起来回顾一下：一档热门答题秀的主持人请参赛选手从 3 个门中选择 1 个——这 3 个门的背后，分别是一个奖品为汽车的大奖，以及两个奖品为一只羊的安慰奖。现在我们假设，选手首先选择了 1 号门。接下来，主持人打开另外两扇门中的一扇，比方说 3 号门，向选手展示那扇门背后只是一只羊。竞赛规则允许选手在这个时候改变他的选择，在我们的例子中就是从 1 号门改到 2 号门。问题是：选手是不是应该改变自己的选择呢？主张不改选的人认为，大奖的位置早已决定，它并不因为主持人打开 3 号门而改变。而主张改选的人则说，在打开 3 号门之后，猜奖问题的情形实际上已经发生了变化。关于这个问题的正确答案的问题，不仅在数学的多个领域内引发争论，并且进入主流报刊的版面，引来众多非数学专业群众的热烈讨论。"改选派"与"不改派"都认为对方天真、可笑，而且水平太低。

最先推崇改变选择的人之一是以超常智商闻名的美国女专栏作家玛丽莲·萨婉，但好几个数学家都对她发出告诫，希望她不要涉足作为作家"不可能理解"的问题。

那么，谁的答案是正确的呢？事实上萨婉女士的答案是对的，参赛选手应该改变选择，那样他获得大奖的概率将从 1/3 增加到 2/3。为什么会这样？我们下面将展开探讨。

分析：为什么改变选择更为有利？

断言选择主持人提供的另一扇门更为有利只是接近真理的第一步，我们将对这个问题进行仔细的分析，以使整个问题的面目清晰，使这个断言被大家所理解。然而，通向这个目标的路线并不简单，它涉及一种相对复杂的现象。

概率

　　我们首先需要讲几个概率论的概念。幸运的是，我们不需要解决"什么是概率"这样的问题。

　　让我们想象一个产生随机事件的过程。例如，我们可以抛掷骰子，或者从整副扑克中抽取牌张。如果我们不断重复这种事件，我们会发现某种特定的"趋势"。例如，我们会观察到：大约有 1/6 的时候我们会掷出四点；而大约有 1/4 的时候，我们抽到的牌会是一张红心。对于这种现象，我们说掷骰子掷出四点的概率是 1/6，抽牌抽到红心的概率是 1/4。一般地：

　　　在随机抽取中结果 E 发生的概率 p 是这么一个数值，它满足如下性质：如果
　　我们非常多次重复这种随机抽取，E 发生的频率会很接近于 p。尽管只是近似，
　　但随着重复次数的继续增加，E 发生的频率会越来越接近于 p。此时，我们
　　说 E 发生的概率是 p，写成式子就是：$P(E)=p$。

　　在我们的例子中，我们有：P（掷出 4 点）= 1/6，P（抽得红心）= 1/4。由于部分对整体的比率总是介于 0 和 1 之间，所以概率的数值也同样如此。不仅如此，概率的定义也使得其他一些简单性质显得更加清楚。例如，如果 E 总是满足使结果 F 发生的条件，那么 F 发生的概率至少与 E 发生的概率一样大，而决不可能比 E 的概率小。又比如，由于 4 是一个偶数，所以掷出偶数的概率理所当然地比掷出四点的概率要大。

　　在考察三门问题时，好几个不同的概率会进入我们的视野。例如，我们会对那个汽车大奖出现在各扇门背后的概率感兴趣。我们是否可以假定它出现在每扇门背后的概率都一样，都等于 1/3？或者由于把一辆汽车推到舞台中间的难度不小，所以它出现在靠近舞台上台处的那扇门背后的概率会大一点？

条件概率

　　现在，我们来讨论一个重要的原理："信息改变概率"。举个例子，我们知道掷骰子掷出 4 点的概率是 1/6。但是，如果在骰子掷下之后、向你公开之前，你被告知掷出的是一个偶数，那么，它的点数只能是 2、4、6 三个偶数之一，因此，掷出四点的概率就变成 1/3。而如果你被告知掷出的是奇数，那么掷出四点的概率就立刻降低为 0。

　　总之，如果我们得到额外的信息，那么原先的概率就可能发生变化，它可以升高或降低，也可能维持不变。

在日常生活中，我们也有这样的经历[1]。假如你每天上班都走同一条路线，左侧车道上的车移动得相对要快一些，你因此考虑变换车道，进入左侧车道行驶。此时，你关心的是你前面的车辆是否会在下一个路口左转。如果不是的话，由于你想继续直行，你就应该换入当时更畅通的左道。假设，大约 20 辆车中会有一辆在那个路口左转。也就是说，你估计前车在那个路口左转的概率是 1/20。但是，每个德国车牌上都有该汽车上牌城市的信息。有的时候，你会发现你前面那辆车的车牌给你提供一个额外的信息：前往它所在的城市通常需要在这个路口左转。在这种时候，你前面那辆车左转的概率显然就增加了。

对信息如何改变概率的问题，更准确的公式化描述是非常有用的。如果 E 是一个事件，$P(E)$ 表示 E 发生的概率。假设 F 是额外的信息，那么我们就用 $P(E|F)$ 表示在给定信息 F 的条件下，事件 E 发生的新的概率，并将这个记号读成"给定 F 时 E 发生的概率"。这个概率，概率论中称为"给定 F 时 E 的条件概率"。

在我们前面引入的例子中，E 表示"掷出四点"这一事件，F 是"掷出偶数"这一信息，于是，我们有：$P(E|F) = 1/3$。

通常我们是这样做的：我们首先确定 F 发生的概率 $P(F)$，以及 E 和 F 同时发生的概率 $P(E \cap F)$。这样，$P(E|F)$ 即可定义为

$$P(E|F) = \frac{P(E \cap F)}{P(F)} 。$$

我们用前面的例子来验证一下这个公式。首先，因为骰子一半的点数是偶数，所以掷得偶数的可能性 $P(F) = 1/2$。其次，由于四是一个偶数，所以 E 与 F 同时发生就等于是 E 发生，因而 $P(E \cap F) = P(E) = 1/6$。这样，我们就有

$$P(E|F) = \frac{P(E \cap F)}{P(F)} = \frac{1/6}{1/2} = \frac{1}{3} 。$$

我们再考察一个例子[2]。随机从一副扑克牌中抽取一张牌，由于一副牌有 52 张，而方片 Q 只有一张，所以抽得方片 Q 的概率是 1/52。然而，如果有人偷偷瞥了一眼抽到的那张牌，并且告诉你它是一张 Q，那么抽得方片 Q 的概率马上就增加到 1/4：此时，$F =$"抽得 Q"，$E =$"抽得方片 Q"。由于一副牌总共有 4 张 Q，F 的概率 $P(F) = 4/52 = 1/13$。而我们很容易知道，$P(E \cap F) = P(E) = 1/52$。因此，

---

[1] 我认为根据新信息改变概率在人类的进化过程中扮演着重要的角色，它终将被刻写入人类的大脑。

[2] 这里我们又换掉了"斯卡特"的例子，以后这种无关紧要的改变我们将不再一一注明。——译注

$$P(E \mid F) = \frac{P(E \cap F)}{P(F)} = \frac{1/52}{1/13} = \frac{1}{4}。$$

贝叶斯公式

　　令人称奇的是，条件概率或多或少是可以逆向应用的。为了做到这一点，我们应用一个称为贝叶斯公式的概率论公式。下面是一个现实生活中的例子：

　　　　在你的一个朋友来访之后不久，你发现你最喜欢的光碟不见了。你知道这位

　　　　朋友偶尔会有顺手牵羊的坏毛病。那么，你觉得谁值得被怀疑呢？

　　为了更好地讨论问题，我们按以下方式来建立贝叶斯公式：考虑一个随机试验，其结果共有三种，分别记为 B_1，B_2，B_3。关键的一点是，这三种结果之间没有交集。

　　以掷骰子为例，我们不妨作如下定义：

$$B_1: 掷出 1 或 2，$$
$$B_2: 掷出 3 或 4，$$
$$B_3: 掷出 5 或 6。$$

现在，我们把一种抛掷试验的可能结果记为 A，比方说，我们可以将"掷出素数"的事件记为 A。如果条件概率 $P(A \mid B_1)$、$P(A \mid B_2)$、$P(A \mid B_3)$ 以及概率 $P(B_1)$、$P(B_2)$、$P(B_3)$ 都是已知的，那么我们可以得到如下的"逆"条件概率公式：

$$P(B_1 \mid A) = \frac{P(A \mid B_1) P(B_1)}{P(A \mid B_1) P(B_1) + P(A \mid B_2) P(B_2) + P(A \mid B_3) P(B_3)},$$

$$P(B_2 \mid A) = \frac{P(A \mid B_2) P(B_2)}{P(A \mid B_1) P(B_1) + P(A \mid B_2) P(B_2) + P(A \mid B_3) P(B_3)},$$

$$P(B_3 \mid A) = \frac{P(A \mid B_3) P(B_3)}{P(A \mid B_1) P(B_1) + P(A \mid B_2) P(B_2) + P(A \mid B_3) P(B_3)}。$$

这些公式，就称为贝叶斯公式[①]。

　　我们不打算在这里给出证明，只是用下面的例子来解释这些公式。假设，B_1，B_2，B_3 如上例所定义，即 B_1 是"掷出 1 或 2"的事件，B_2 是"掷出 3 或 4"的事件，B_3 是"掷出 5 或 6"的事件。此外，我们用 A 表示"掷出的点数大于 3"这一事件。根据上一段关于条件概率的计算公式，我们得到

---

① 对于有 n 种结果的一般情形，贝叶斯公式是：$P(B_k \mid A) = \dfrac{P(A \mid B_k) P(B_1)}{P(A \mid B_1) P(B_1) + P(A \mid B_2) P(B_2) + \cdots + P(A \mid B_n) P(B_n)}$，其中 $k = 1, 2, \cdots, n$。

$$P(A|B_1) = \frac{P(A \cap B_1)}{P(B_1)} = \frac{0}{1/3} = 0,$$

$$P(A|B_2) = \frac{P(A \cap B_2)}{P(B_2)} = \frac{1/6}{1/3} = 1/2,$$

$$P(A|B_3) = \frac{P(A \cap B_3)}{P(B_3)} = \frac{1/3}{1/3} = 1.$$

假如现在骰子已经掷下，并且我们知道事件 A 已经发生。那么，现在 B 类事件，例如 B_2 发生的（条件）概率是多少呢？我们可以用贝叶斯公式来回答这个问题：

$$P(B_2|A) = \frac{P(A|B_2)P(B_2)}{P(A|B_1)P(B_1) + P(A|B_2)P(B_2) + P(A|B_3)P(B_3)},$$

$$= \frac{(1/2) \times (1/3)}{0 \times (1/3) + (1/2) \times (1/3) + 1 \times (1/3)} = 1/3.$$

相似地，我们不难计算出[①]：$P(B_1|A) = 0$，$P(B_3|A) = 2/3$。

三门问题的最佳对策

有了以上知识准备之后，我们现在可以决定，到底改变选择是不是有利的策略了。我们首先来考察汽车大奖在各个门背后的概率，为此，我们使用如下定义：

B_1：汽车大奖在 1 号门背后，

B_2：汽车大奖在 2 号门背后，

B_3：汽车大奖在 3 号门背后。

假设这三个事件的概率是相等的，即

$$P(B_1) = P(B_2) = P(B_3) = 1/3.$$

这种假设也许是过于天真了，但在没有任何额外信息的前提下，它无疑是最合理的假设。

下面，我们马上进入高潮阶段——做出决策的阶段。选手先选中 1 号门，主持人透露说 3 号门背后是一只羊，那么，选手是否应该从选择 1 号门改为选择 2 号门呢？我们一起来看看下面的分析。

我们将"主持人透露 3 号门背后是一只羊"这一事件记为 A。我们要回答一个问题：在事件 A 发生的条件下，汽车大奖在 1 号门背后的概率，与其在 2 号门背后的概率哪个会更大？换句话说，我们需要计算 $P(B_1|A)$ 和 $P(B_2|A)$，并比较它们的大小。如果它们相等，那么选手就没有改选 2 号门的必要；而如果后者更大，则改选 2 号门就是有利的选择。

---

① 事实上，直接计算这些概率更容易。

这是贝叶斯公式的典型应用题，因此，我们需要先计算 $P(A|B_1)$、$P(A|B_2)$，以及 $P(A|B_3)$。

那么，$P(A|B_1)$ 等于多少？用文字语言来说就是：如果汽车大奖在 1 号门背后，主持人透露 3 号门背后是一只羊的概率有多大？由于汽车大奖位于 1 号门背后，2 号和 3 号门背后都是羊，而主持人要做的是给选手透露一个没有大奖的门的信息，因此他既可以打开 2 号门，也可以打开 3 号门。所以，$P(A|B_1) = 1/2$。

$P(A|B_2)$ 的计算更简单：此时大奖在 2 号门背后，选手目前的选择是 1 号门，因此主持人打开的必然是 3 号门，即 $P(A|B_2) = 1$。最后，当汽车大奖在 3 号门背后时，主持人是不可能打开这个门的，因此 $P(A|B_3) = 0$。总结起来，我们有：

$$P(A|B_1) = 1/2,$$
$$P(A|B_2) = 1,$$
$$P(A|B_3) = 0。$$

现在我们终于可以应用贝叶斯公式了，很简单，

$$P(B_1|A) = \frac{P(A|B_1)P(B_1)}{P(A|B_1)P(B_1) + P(A|B_2)P(B_2) + P(A|B_3)P(B_3)},$$

$$= \frac{(1/2)\times(1/3)}{(1/2)\times(1/3) + 1\times(1/3) + 0\times(1/3)} = 1/3,$$

$$P(B_2|A) = \frac{P(A|B_2)P(B_2)}{P(A|B_1)P(B_1) + P(A|B_2)P(B_2) + P(A|B_3)P(B_3)},$$

$$= \frac{1\times(1/3)}{(1/2)\times(1/3) + 1\times(1/3) + 0\times(1/3)} = 2/3。$$

由于 $P(B_1|A)$ 是在"主持人透露 3 号门背后没有大奖"的条件下，选手"不改变选择而赢得汽车大奖"这一事件发生的概率，而 $P(B_2|A)$ 则"改变选择而赢得汽车大奖"发生的概率。因此，事情很显然，选手从原先选择的 1 号门改而选择 2 号门的话，他获得大奖的概率会大大提高！

三门问题：全部真相

如果你认真审读了我们上面的分析，你就会发现，"改变选择是有利的，它将把获得大奖的概率提高一倍"这个结论，是建立的一些必要的假设之上的。例如，我们刚才说 $P(A|B_1) = 1/2$，但这并非是唯一的可能。它的根据是主持人会随机打开一个没有大奖

的门，但主持人却可能有自己的偏好，他也许在 3 号门背后没有大奖的情况下总是选择打开它！因此，我们需要考察一下更一般的情形——我们不再认为 $P(A|B_1)$ 等于 1/2，而是假设 $P(A|B_1) = p$，其中 p 是介于 0 与 1 之间的数值。据此，由贝叶斯公式可以计算出

$$P(B_1|A) = \frac{p}{1+p}, \quad P(B_2|A) = \frac{1}{1+p}.$$

由于 $p < 1$，所以上述二式中的前一式数值较小，这就是说，无论主持人的偏好如何，改变选择对选手而言总是有利，至少是没有损失的。

事实上，这个问题还可以有另一种思路[①]。选手采取这样的策略：总是改变选择，而不去理会主持人的意图到底是什么。这样做的理由如下：

- 在最初做出选择的时候（无论后来是否改变选择），哪个门背后是汽车大奖的概率是相等的，因此选手赢得大奖的概率是 1/3。
- 改变选择的做法只有在最初选中大奖的情况下才会错失这个大奖，因此改变选择的做法有 2/3 赢得大奖的概率。

我们还可以深化上面的讨论。用 p_1、p_2、p_3 分别表示大奖位于 1、2、3 号门背后的概率。假设选手最初选择 1 号门，则"不改变选择"而赢得大奖的概率就等于 p_1，"改变选择"而赢得大奖的概率则等于 $p_2 + p_3$。

有的读者可能会感到疑惑，因为在我们的第二种分析中，主持人的偏好并没有起到作用。然而，两种分析都是正确的，仔细推敲这些分析就可以明白这一点。

在第一种分析中，所分析的情形被假定为：选手最初选择 1 号门，主持人打开了没有大奖的 3 号门。所有的分析和计算都是在这个假定下进行的，因而主持人的偏好会进入分析思考的范围。

第二种分析则不然，无论选手最初选择哪扇门，主持人打开哪扇门，选手只要在主持人打开某扇门后改变选择即可，这与主持人的偏好没有任何关系。但无论如何，不同的信息会导致不同的概率，这一点依靠直觉并不容易理解[②]。

---

① 作者感谢海德堡大学的迪尔特·普波教授，是他提供了这个思路。

② 想更多了解"三门问题"的读者可参考杰罗·冯·兰多（Gero von Randow）所著的《Das Ziegenproblem》。（译者按：书名可译为《三门问题》，此书尚无中文版。）

015

客满也有空房
希尔伯特的旅馆

数学家经常不得不面对与"无穷"相关的事物。经验表明，在涉及"无穷"的领域，事情常常与我们关于"有限"的经验很不一样。

下面，我们只需要考虑最简单的无穷集合，即由 1，2，3，4，…构成的自然数集合。早在 1638 年，伟大的伽利略在他的《演讲》一书中，就曾对关于无穷的奇特现象大为惊叹。伽利略在那部书中证明，完全平方数居然和自然数"一样多"！也就是说，由于 1，4，9，16，…可以与 1，2，3，4，…可以一一对应起来，完全平方数构成的集合与自然数集合"一样大"。对此，数学家们是这样说的：对一个无穷集合而言，去掉它的一部分，所剩余的集合有可能与原来的集合的"大小"相同。

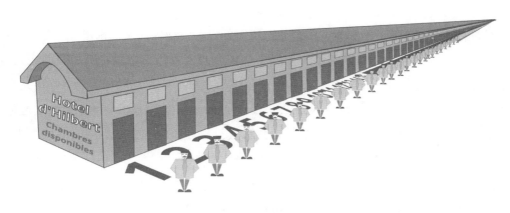

图 19 希尔伯特旅馆

著名德国数学家希尔伯特用一个有趣的故事来描述这一现象，它后来以"希尔伯特的旅馆"而闻名。如图 19 所示，它是一个有无穷多个房间的旅馆，这些房间以自然数 1，2，3…等等为编号。在某一个假日，它在白天就已经客满了。然而，晚上又来了一位要求住宿的旅客。通常情况下，客满就意味着不再有可支配的客房，但希尔伯特旅馆不一样，客满也可以腾出空房！具体的做法是这样的：旅馆把 1 号房间的旅客移到 2 号房间，把 2 号房间的旅客移到 3 号房间，如此继续移动下去……结果，所有原来的旅客都有自己的房间，而 1 号房间则被腾了出来，正好可以分配给晚上刚来的旅客。

又过了一会儿，一辆小巴士送来了 8 位旅客。面对已经客满的现实，旅馆的老板面无难色，他把 1 号房间的旅客移到 9 号，2 号房间的旅客移到 10 号……结果，他又腾出 8 个空房来安置新到的旅客。

对无穷的系统性研究开始于康托（1845—1918）在 19 世纪的开创性工作。他的研究在当时受到许多数学家的冷遇，这些数学家相信数学应该局限在具体而可构建的范围内。但在今天，康托的工作获得崇高的赞誉，无穷与自然数、几何对象和概率一样，成为数学家们日常思考和研究的工具和对象。

希尔伯特旅馆的神奇之夜

那天，希尔伯特旅馆的夜特别的长。在安顿好小巴士送来的 8 位旅客之后，邻近的火车站来了一列无穷长的列车，下来了无穷多的旅客。他们都很疲累，都到希尔伯特的旅馆要求住宿。而且，他们此前还都预订了房间！

旅馆已经客满，这可怎么办？没问题！旅馆有自动的分配机制，它把 1 号房间的旅客移到 2 号房间，把 2 号房间的旅客移到 4 号房间……总之，把当前旅客都移到 2 倍原先房间号码的房间。这样，所有原来的旅客仍然有房可住，而所有编号为奇数的房间却全都腾空了，火车上下来的那无穷多位疲惫不堪的旅客，也因此全部都可以入住了！

尽管以上仅仅是一个用以阐明与无穷集合相关的现象的思想性实例，我们还是应该提及对这个方案可行性的反对意见。在上述解决方案中，n 号房间的旅客需要移到 $2n$ 号房间，这在 n 的数值很大的时候是不可行的，因为此时 n 号与 $2n$ 号房间的距离太过遥远了。如果我们假定旅客的行动速度有一个上限，那么，这种换房方案在有限时间内是无法完成的。

话说回来，这个问题其实在一开始就已经存在了。在晚上最早的那个旅客到达时，如果所有已入住的旅客同时移动，那么腾出 1 号房的做法是可行的，十分钟后所有旅客就都安顿好了。然而，信息不可能以超过光速的速度传播，远处的旅客要过很长时间才能收到移房的通知，所有旅客同时移动实际上是不可能的。

016 神奇的 π
圆周率趣谈

如果讨论哪一个数最重要，数学家们几乎肯定首先会提到 π。它在几何学中是众所周知的，而"圆的周长等于 π 乘以直径"之类的公式甚至已经出现在小学的数学课本里。

然而，事实上几乎在数学的每一个领域都会出现 π 的身影，没有圆周出现的地方也不例外。例如，看一眼面值 10 马克的纸币，你就会发现 π 在概率论中的重要性（参见本书第 25 篇），它是伟大数学家高斯诸多贡献中的一个例子。

作为一个数，π 具有很多奇妙的性质。如果我们想要将它用在具体的公式中，比方说，我们想要计算种植某圆形地块需要播撒的种子的数量，那么我们可以使用它的近似值，比如说采用 π≈3.14。然而数学证明，无论小数点后取多少位，我们都不能得到 π 的精确数值，它事实上有无穷多位小数。π 其实是一个"超越数"，是属于最复杂类型的实数。这一事实在 19 世纪得到证明，古老的"化圆为方"问题也作为其推论而获得解决（若想了解更多相关信息，可参考本书第 33 篇）。

如果我们不可能写出 π 小数点后的所有小数，那为什么不尽可能地多写一些呢？有些数学家和计算机专家就是这样想的。他们展开了计算 π 的小数部分的竞赛，不断创造新的纪录。到目前为止，他们已经计算出它的数十亿位小数。这种计算并非毫无意义，π 的背后隐藏着非常多的秘密，通过对它的小数的分析，人们希望可以揭示其中的奥妙。

最后我们要指出，在非数学专业的人群中，π 往往也有着相当的魔力。有人成立了 π 俱乐部，几年前有人拍了一部以 π 为名的电影，奢侈品品牌纪梵希甚至还推出 π 系列香水。

《圣经》中的 π

乐意从字缝中寻找微言大义的人会发现，π 也出现在《圣经》里。在《圣经·列王纪（上）》中，其第 7.23 节有这样的一段话：

他又铸一个铜海，样式是圆的，高五肘，径十肘，围三十肘。

文中的"铜海"是所罗门王神殿门前盛放圣水的容器。如果我们设想它的形状是圆的，那么我们从这段文字就可以得到：

周长除以直径等于3。

这个数值是 π 的一个很粗略的近似。古巴比伦人和古埃及人所使用的 π 的近似值要精确得多，他们采用的近似公式是 π ≈ 22/7 = 3.142…。当然，《圣经》里的粗略可以这样来解释：测量者所测量的是铜海的内径，或者是铜海最上沿稍稍下方的部位。

π 的一些估计值

解释某些关于 π 的事实可以不使用数学概念。现在，假设我们在正方形内放进一个内切圆，如图 20 所示。

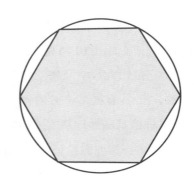

图 20 π 小于 4 而大于 3

如果我们从圆与正方形的一个切点开始，沿着圆周移动到它对面的切点，那么我们就经过了半个圆周。这个路线的长度等于圆周长的一半，即 πr。其中，r 是圆的半径，因此 2r 是圆的直径，也等于正方形的边长。

很明显，如果我们沿着正方形从一个切点移动到对面的切点，那么我们移动路线的长度等于两倍正方形的边长，即 4r。于是，我们看到[①]：πr < 4r，从而得到 π 的数值小于 4 的结论。相似地，利用正六边形的外接圆，我们可以得到：相对两点之间沿正六边形的路线长度等于正六边形三条边的长度和，即 3r。因此，3r > πr。也就是说，π 的值大于 3。总而言之，π 的值介于 3 和 4 之间。

事实上，上述图形告诉我们，沿正方形的路线比半圆周要长不少，而沿正六边形的路线只比半圆周略短。因此，相对于 4 而言，π 的数值更接近 3。

---

① 这只是直觉地"看到"，用比较面积的办法可以证明这个结论。——译注

017 随机却可计算
概率论中的极限定理

　　能否撞上运气是不可预知的，最聪明的数学家所能做的，最多也不过是计算出得与失的概率。

　　当然，这只是事情的一面，当随机变量的数目越来越大的时候，不确定性会越来越小。举个例子说，如果我们有一枚制作均匀的硬币，那么掷得正面和反面的概率都是 50%。在我们面对两种选择不知道如何做出决定的时候，我们可以抛掷它来做出抉择。由于硬币正反面出现的机会均等，这是一种不偏不倚的随机抉择，其结果是无法事先预料的。然而，如果我们抛掷 10 次硬币，记录出现正面的次数，那么这个次数就会接近其"平均"数。出现 5 次正面的可能性（概率接近于 25%）比只出现 1 次正面（概率小于 0.1%）要大很多。抛掷的次数越多，趋势就越加明显，出现正面的次数将几乎总是在抛掷次数的一半附近徘徊。

　　这个现象背后是概率论中最为重要的极限定理之一，它是一个描述从不可预知向可以确定转变的定理。这一事实非常具有理论上的意义。例如，根据量子力学的定理，在纳米尺度下，世界万物都是由随机过程所决定的。正是由于数量庞大到无法想象的随机事件的叠加，才让我们感觉自己生活在一个确定性的世界里。也正是因此，人们根据较小的随机样本就可以计算出相当准确的百分比。所以，在只统计了一小部分选票之后，直播大选的电视节目主持人就可以很明确地告诉我们大选的结果。

　　超市的采购员，还有城市交通的规划者，他们也都依靠这个极限定理来做出决策：每一位顾客突然间都需要购买苏打粉是一件极端不可能出现的事，某个地铁站附近的人们突然都选择乘坐 8：50 分的那班地铁，也是极端不可能出现的情况。

开始自主创业

　　概率论中有很多不同的极限定理，它们都肯定一条：随着随机变量数目的增加，运气的成分将越来越小。假设你打定主意在庙会上开设一个赌博点，为简化计算，我们假定赌客每次抛掷一颗骰子。赌博的规则是：如果赌客掷得 6 点，那么他或她就赢得 30 欧元，否则，他或她将输掉赌注。由于每一轮你都以 1/6 的概率付出 30 欧元，你每轮的平均付出为 1/6 × 30 = 5 欧元。

你当然不想赔本，所以玩家每轮的赌注至少必须达到 5 欧元。现在假设，你规定每个玩家每轮的赌注固定为 7 欧元。那么，每个顾客对你而言的价值有多大？每一轮抛掷，你有 1/6 的概率输掉 23 欧元（收入 7 欧元，付出 30 欧元），但有 5/6 的概率收入 7 欧元。因此，平均起来，每个玩家每一轮赌博给你带来的收益为：

$$1/6 \times (-23) + 5/6 \times 7 = (-23 + 35)/6 = 2。$$

这就是说，你每轮平均赢赌客 2 欧元。

在一个不错的庙会日会有 300 人次参赌，这样你就很有希望获得 600 欧元的收益。根据概率论中的极限定理，对 300 人次参赌的规模，收入 600 欧元的概率几乎等于 100%。顾客运气太好，以致于你的收益低于 550 欧元的情况，是几乎不可能出现的。当然，很不幸地，你至少赢得 650 欧元的可能性同样也微乎其微。

运气的丧失

在这一小节，我们来考察与极限定理相关的一些数量性例子。首先，如果我们将制作均匀的硬币抛掷 10 次，我们会期望有 5 次出现正面。其概率究竟如何呢？请看下表：

出现正面的次数	概率
恰好 5 次	24.6%
4 到 6 次	54.2%
3 到 7 次	77.4%

现在，我们考察抛掷 100 次硬币的情况：

出现正面的次数	概率
恰好 50 次	7.95%
45 到 55 次	72.9%
40 到 60 次	96.5%

对抛掷 1000 次硬币，概率表是这样的：

出现正面的次数	概率
恰好 500 次	2.52%
490 到 510 次	49.2%
480 到 520 次	80.6%
470 到 530 次	94.6%

正如我们所预料的，抛掷 1000 次硬币恰好出现 500 次正面的可能性并不大，但结果几乎总是在 500 次附近，差距大于 30 的情形只有不到 6%。

实际上，我们观察到了运气成分的消失。假设你的朋友正在玩以抛掷硬币赌输赢的游戏，他每一轮以相等的概率赢得或输掉 1 欧元。如果游戏的结果依次以 x_1，x_2，x_3，… 标记，那么它是由 1 与 -1 组成的序列，例如 1，1，-1，1，-1，…。显然，序列的前 n 项和就是至第 n 轮为止的总收益。对我们的例子而言，这种部分和序列的前五项是 1，2，1，2，1。现在，我们来计算平均每轮的收益，这等于前 n 项和除以 n，因此，前五轮的平均收益依次为 1，1，1/3，1/2，1/5。我们注意到，这个平均收益的数值在趋向于 0。有人真正玩了这个游戏，其平均收益随轮次的增加而逐渐消失，结果如图 21 所示。

图 21 运气成分的消失

018 百万大奖
素数分布规律问题与黎曼猜想

这一篇中我们将讨论素数。我们先一起回忆一下，所谓素数，就是不能写成比它更小（但大于 1）的自然数乘积的自然数，比方说，7 和 19 都是素数，但 20 就不是。

从 2000 多年前人们开始考察素数开始，它们就一直拥有迷人的吸引力。甚至连高斯这位史上最伟大的数学家也被它们所吸引。他一直想知道，素数在自然数中是怎样分布的？我们能否知道，在某个给定的范围内会有多少个素数？

有两件事情是明确的。首先，素数在自然数中出现的位置似乎毫无规律，它们像是田野里的蘑菇，在不知什么地方就任性地突然冒头。如果我们在前 100 个自然数中标记出素数的位置，我们会觉得它是随机的。其次，我们知道，与大的自然数相比，小的自然数更有可能是素数。这是因为数字越大，可能成为其因数的数就越多。

高斯做了很多具体的计算，用今天的术语说，他当时所做的属于"实验数学"的范围——这种计算现在都由计算机来完成。根据他个人的计算，高斯给出了今天称为"素数定理"的猜想：小于给定数的素数总数的比例可以被很好地近似。对于一个 k 位数而言，小于这个数的素数的占比大约等于 $0.43/k$。于是，对于小于 1000 的数来说，由于 $k=3$，$0.43/3$ 约等于 0.143，即 14.3%。而在小于 1 000 000 的自然数中，素数的比例只有 $0.43/6$，即大约 7.2%。

在 19 世纪末期，阿达玛和德拉瓦雷 - 普桑分别独立而严格地证明了高斯的这个猜想，这距离高斯的去世已经有数十年之久。

然而，这个故事还远远没有结束。在高斯素数定理被证明之后，对素数分布的更加精细的描述层出不穷。其中最著名的一个猜想，从 2000 年起就被悬赏征求解答，其奖金数额高达 100 万美元。

素数定理

为了让我们对素数的增加情况有直接的观感，我们给出了图 22。图中，从左到右算，第 k 条线在高度为 k 的位置，表示第 k 个素数。因此，第 4 条线（图中为蓝色）表示第 4 个素数，也就是 7。由于下一个素数是 11，因而代表 7 的这条线段的横坐标从 7 延伸到 11。

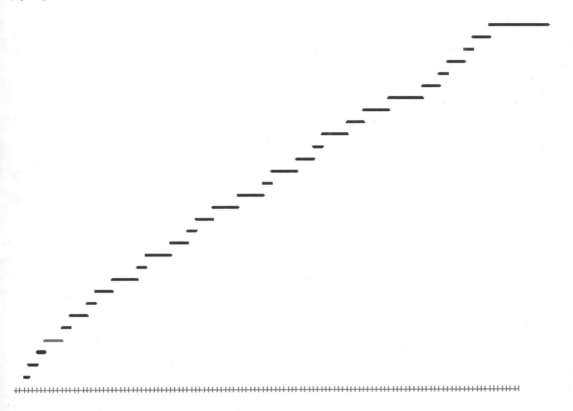

图 22 数的增长

素数定理断言，对很大的横坐标 x，图形的高度，即小于 x 的素数的个数，将会非常接近 $x/\ln x$ 这个数值。

为了理解这个表述的意思，我们需要知道什么是 x 的自然对数 $\ln x$。它是这么一个数 y，满足

$$(2.718\,28\cdots)^y = x$$

这一等式。为了使公式简单，k 位数的自然对数可以粗略地取为 $k/0.43$。举个例子，8 000 的自然对数大致是 8.987，而 4/0.43 约等于 9.302，二者相差不远。

为了欣赏这个近似公式的妙处，我们来看几个例子。对 $x = 100\,000\,000$，总共有 5 761 455 个小于 x 的素数，而 $x/\ln x = 5\,428\,681.02\cdots$，两数的差别大约等于 322 744，误差只不过是 6%。而对 $x = 10\,000\,000\,000$，总共有 455 052 511 个小于 x 的素数，素数定理

给出 $x/\ln x = 434\,294\,481.90\cdots$，两数的差别大约是 2 000 万。对于如此之多的素数，公式的误差只不过比 4% 略多一点点。

我们前文说到"非常好的近似"。事实上，数学家们后来发现了一些更复杂的公式，它们对素数个数的逼近，比高斯定理要好非常多。其中最好的一个，其精确度相当惊人。例如，对 $x = 100\,000\,000$，这个公式给出的数值与素数个数只相差 754 个；而对于 $x = 10\,000\,000\,000$，其差别也不过是 3 104，相对误差小于 0.001%。

然而，要证明误差量级的正确性，却毫无疑问需要解决一个著名而悬而未决的猜想：黎曼猜想。正是为了黎曼猜想的解决，克莱数学研究所提供了 100 万美元的悬赏。（若想了解详情，可浏览克莱研究所的网址：http://www.claymath.org。）

关于素数的研究至今仍然是热门的学问，这显然是因为素数在密码学中扮演着关键的角色。一个与本文主题无关的重要结果值得我们特别加以介绍：陶哲轩和本·格林发现了一个非常重要的规律：素数中存在任意长度的等差数列。

确切地说，具体意思是这样的：对任何给定的自然数 k，存在 k 个素数 p_1，p_2，$\cdots$，p_k，相继两个素数之间的差都等于相同的数值，即 $p_2 - p_1 = p_3 - p_2 = \cdots = p_k - p_{(k-1)}$。例如，对 $k = 3$ 的情形，我们很容易找到 3，7，11 这三个素数，7 与 3，11 与 7 的差都等于 4。陶哲轩和本·格林证明，这个规律对任何自然数 k 都是正确的。

值得一提的是，年轻而天才的陶哲轩在 2006 年于马德里召开的国际数学大会上获得了菲尔兹奖。

019 五维蛋糕
四维超立方体与高维空间

作为否定性评价用语，我们的日常生活中经常使用"低维度"这个词，它在对电影或书籍的评论中就时常出现，其意思大约是形式过于简单、内容不能引人入胜之类。然而，"低维度"到底是什么意思？一维、二维、三维是什么东西？或者说，"维度"或"维"究竟是什么？

简单地讲，几何中的"维"是一个数，它是确定一个点所需要的数值的最少个数。例如，只要在直线上指定一个固定点 P，那么，直线上任何一个点的位置都可以用该点到 P 的距离来表示。负数表示 P 左边的点，正数则表示右边的点。由此可见，一个数就可以表示直线上的点，因而直线就是一维的。

相似地，地球表面是二维的，因为它的每一个点都可以用两个数值，比方说用它的经度和纬度来表示。在空间中，每一个点需要用三个数来确定。而如果同时考虑空间和时间，那么我们就需要四个数。因此，空间是三维的，而相对论的时空则是四维的。

数学经常需要面对更高的维度。但由于它们包含了空间最关键、最重要的方面，为了理解高维的对象或境况，二维或三维的例子通常就已经足够。与此相似地，我们从二维的照片中可以构建出三维的原始场景。因此，五维空间并不如何神秘，它只不过是需要用五个数值来确定的点的一个集合。

这听起来可能让人觉得抽象和费解，但它与我们的日常经验有相似之处。例如，一个蛋糕的配方可以用各种配料的克数来定义。如果我们以（200，100，80，20，3）这种形式写下其中面粉、糖、奶油、鸡蛋以及苏打粉的分量，那么这种表示方式包含着最重要的信息：它就是一个具有五个维度的量！虽然这并不很让人激动，但事实上，五维并不是多么复杂的东西。

跃入第四维

数学家和常人拥有相同的大脑皮层，所以他们同样也不能形象地理解高于三维的图像。然而，他们可以毫无困难地探讨维数很高的对象的各种性质。很关键的一点是：问题的重要方面能够以二维或最多三维的图像呈现出来。如果所关心的是距离，那么该呈现就必须能够精确地重现点与点之间的关系。比方说，（高维空间中）距离相等的两点在图像中也必须具有相等的距离，其他方面也是如此。实际上，这与地图的制作恰可相比拟，二者都只表示出实际对象最重要的若干方面。没有人期望地图上会画出公交线路的每一个细节，它只是给出最重要的信息，例如各站之间的距离。

现在，我们用一个例子来展示数学家们是如何考察四维空间的。我们从一个三维的练习开始：面对一个二维空间里的生物，我们会如何向他解释三维立方体的表面？答案是，我们应该从图 23 开始。

图 23 是一个通常的正方体表面的二维平面展开，我们将那个二维生物放置在这个二维表面上，并告诉他在该表面上的移动遵循如下规律：

- 无论他在上面如何移动，他都不会离开这个表面。
- 如果他产生了爬出这个图形的错觉，那他事实上是进入了立方体的另一个侧面。准确地说，跨越边线 A 意味着跨入

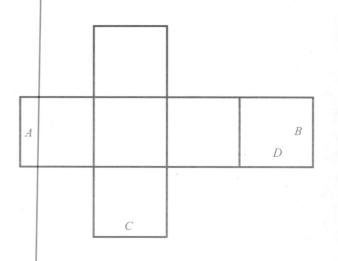

图 23　二维生物沿表面移动

边线 B，而跨越边线 C 则意味着跨入边线 D。其他边线的情形依此类推 。[1]

遵从这样的规则，二维生物可以熟悉立方体的表面。这对我们三维世界的人类毫无难度，但对二维生物则是眼界大开的经历。用这种方式，它可以体会到很多新事物，例如，立方体的表面没有边缘，他怎么爬都爬不出去。然而，立方体的表面却是有限的，有限的油漆就可以把它完整地刷一遍。通过其他的经历，二维生物还将掌握关于这个表面的其他性质。例如，对这个表面上的每一个点，都存在一个与它距离最远的点。在三维世界中，它们称为"对跖点"，就像地球两极的关系那样。

现在，我们把上述例子移植到高一维的空间中。我们是三维生物，但我们希望能够

---

① 这条规则导致的结果，就相当于是把图形中的六面包裹在正方体的表面上。

56 · 019　五维蛋糕

对四维空间有所体验。最低的限度，是感受四维空间的超立方体的（三维）"表面"。为此，我们将自己放置于它所伴随的图形当中。这个图形看起来像是供小孩子们玩耍的攀爬架（见图24），而我们的"攀爬"遵从如下的规律：

- 我们不能够离开攀爬架。
- 如果我们产生了爬出某个攀爬架的错觉，那我们事实上是进入了另一个攀爬架。比方说，从顶部爬出其实是从底部爬入。
- 事实上还有其他的规律，我们在这里暂时省略。

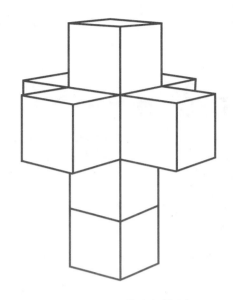

图24 四维立方体在三维展开

用这种方式，我们可以对自身直接体验不到的几何结构进行实际考察。

最后，我们向大家介绍一幅萨尔瓦多·达利（1904—1989）的杰作——《受难：基督与超立方体》，这幅1954年的作品使超立方体永垂不朽。上帝也许不能被直接理解，但象征主义却可以把握他的思维。

图25 受难：基督与超立方体（达利，1954）

020 爱上一个人
数学与语言中的结合律与交换律

在数学的语境中，"复合"一词经常被用来描述由两个对象形成一个新对象的运算。对两个数 x 和 y，它们的和 $x+y$ 以及它们的积 $x \cdot y$ 是它们两种不同形式的"复合"。在日常生活中我们也可以看到"复合"，例如"房"与"门"这两个词，就可以结合而构成"房门"这一词汇。相似地，词组与词组可以构成语句。

如果我们想研究这样的复合，但构成的元素是三个而不是两个，那就有可能会出现问题。以加法为例，对 x，y，z 三个数的加法，即"$x+y+z$"这个表达式。我们可以先把前两个元素加起来，也就是做 $(x+y)+z$ 运算；也可以将后面的两个数先结合起来，即计算 $x+(y+z)$。如果这两种运算方式总是得到相同的结果，那么这种运算就是满足"结合律"的。这是一个很重要的性质，对于满足结合律的运算，我们可以省去无数的括号。

大家都知道，加法和乘法都满足结合律。举例来说，毫无疑问地，$(1+2)+3 = 1+(2+3)$，而 $(3 \cdot 4) \cdot 5 = 3 \cdot (4 \cdot 5)$。然而，并不是所有重要的运算都会满足结合律。以常见的数学运算为例，除法就不满足结合律，$(20 \div 2) \div 2 = 5$，而 $20 \div (2 \div 2) = 20$，二个结果的差别是很大的。

很不幸的是，我们的语言并不满足结合律，语句成分间不同的结合次序可能产生不同的句义。多年前，某报上曾有一条新闻的标题是"电监会设立六区域电力监管局"[①]，而这个标题就有问题：电监会所设立的，到底是六个"区域电力监管局"呢，还是一个监管范围为六个区域的电力监管局？还有一则新闻，其标题为"司法部门调查洛城警察伤害案"，其产生的歧义更多——首先，"洛城"到底是警察的属地，还是案件发生的城市？其次，这个"警察伤害案"中，究竟警察是加害者还是受害者？

句子可能有歧义，短语和词组也不例外。例如，"爱上一个人"到底指的是什么？是"爱"着"上一个人"，还是"爱上"了"（某）一个人"？再如，"演好戏"是什么意思？是"演

---

① 由于语言不同，本篇德语原文的例子不适合直接翻译使用，因此采用译者自选的汉语例子。——译注

/ 好戏"？或者是"演好 / 戏"？

大家都想省事

结合律的功用是让我们免于使用括号。然而，在结合律不成立的时候，省去括号产生的歧义可能会相当严重。随着参与复合的元素的增多，问题的严重程度会急剧升高。如果只有三个元素，那么一对括号就已经足够。因为，如果用 ⊙ 表示复合，则我们只需要区分 $(x \odot y) \odot z$ 与 $x \odot (y \odot z)$。而对于四个元素的情形，结合的形式就已经达到 5 种：$(a \odot b) \odot (c \odot d)$，$(a \odot (b \odot c)) \odot d$，$((a \odot b) \odot c) \odot d$，$a \odot ((b \odot c) \odot d)$，以及 $a \odot (b \odot (c \odot d))$。在没有结合律的时候，这些括号都是不能省略的，省略它们可能导致歧义。

很明显，如果结合律不成立，事情就变得很复杂。没有结合律的时候，避免使用多个复合元素就变得非常重要。例如，如果我们想要以 a^4 作为 $a \odot a \odot a \odot a$ 的记号，那我们就必须保证后者的意义是唯一确定的。如果 $a \odot a \odot a \odot a$ 的意义依赖于添加括号的方式，那谁能知道 a^4 表示的是五种结合形式中的哪一种呢？

我们举一个数学中的例子，假设我们用 ⊙ 表示指数运算，即 $a \odot b \triangleq a^b$。那么，这种"复合"（即指数运算）是不满足结合律的。即便像 $a \odot a \odot a$ 这样简单的式子，不同加括号的方式几乎都会导致结果的不同。以 $a = 3$ 为例，$(3 \odot 3) \odot 3 = (3^3)^3 = 729$，而 $3 \odot (3 \odot 3) = 3^{(3^3)} = 3^{27} = 19\,683$。对更大的数字，则差别更加巨大，$(9^9)^9$ 总共"只有"77 位数字，而 $9^{(9^9)}$ 的位数则多达数亿——它是用三个 9 所能写出的最大数字！

看门狗与狗看门

结合律之外，有一种性质对数学中的运算也至关重要，它就是"交换律"。对一种运算规则，如果交换参与运算的元素的位置，所得到的结果不变，那么它就满足交换律。用符号表示，就是 $a \odot b = b \odot a$。加法与乘法是著名的满足交换律的数学运算，但除法显然不满足交换律，4 除以 2 并不等于 2 除以 4。同样地，指数运算也不满足交换律。在 $a \neq b$ 的条件下，唯一使得 $a^b = b^a$ 的一对数是 2 和 4，2^4 与 4^2 凑巧都等于 16。

结合律通常都被认为是成立的，但交换律则不然，很多重要的运算都不满足交换律。数学中的"非交换群"和"非交换代数"，其研究的难度都非常大。

此外，自然语言不但经常不满足结合律，同样也不满足交换律。"比赛用马"和"用马比赛"不是一个意思，"狗看门"和"看门狗"说的也是不同的事物。

事实上，语言与数学还有其他可以相比的地方。你可能还记得数学课上讲到的"分配律"，它与"去括号"紧密相关。例如，$a(b + c)$ 总是等于 $ab + ac$。自然语言也有相似的例子，比方说，"进出口"就是"进口与出口"的意思。

应该指出的是，在许多西方语言中，连字符"-"往往是非常重要的，它可以用以消除歧义。例如，"one night stand"是存在不同的解读的，而"one night-stand"与"one-night stand"则各有其明确的意思。事实上，如果中文引进相似的符号，那么"爱／上一个人"与"爱上／一个人"也就可以明确地区分开了。

其他语言

本书已经有多种语言的译本，将本篇翻译成其他语言是一个很大的挑战。由于语言的不同，本篇多数关于语言的例子不适合直接翻译，译者往往改以本国语言举例。这些译者的例子也非常有趣，我们选择几个加以介绍：例如，日语中的"情事"与"事情"意思不同，是不满足交换律的例子，汉语中的"故事"与"事故"、"天后"与"后天"，含义也各不相同。又如，上一段中的英语例子，"one night-stand"意思是"一只床头柜"，而"one-night stand"则可以译为"一夜情"。再如，在关于结合律的段落中，法译本以"paniers de fruits rouges"为例，它直译成汉语是"红果盘"，既可以理解为"红色水果"之"盘"，也可以解读成"红色的果盘"。

021 嫦娥奔月
数学的具体应用

当一个人在聊天中知道对方是数学家时，他往往会问道："数学中真的还有什么需要研究的东西吗？"面对这个问题，数学家经常会感到恼火。看起来，普通民众大多不知道数学研究是多么激动人心的探索活动，它需要非凡的创造力，对现实生活中的问题提供解决办法。因此，今天我们将回顾一些数学的贡献，希望能给出一些美丽的画面。为理解我们说的是什么意思，请想象有这么一条山脉，它被厚而耀眼的冰雪所覆盖。假设你想从某个山峰去到邻近的高度相同的另一座山峰，而两个山峰之间有一条相连的缆绳。那么，理论上你只要顺着缆绳向下滑就可以了。重力会让你的下滑速度加快，下滑时所积蓄的能量正好可以让你上升到目的地。

图 26 太空旅行的路线

空间旅行虽然要复杂得多，但道理与此相似。和山峰间穿行的例子一样，空间中特定的位置之间也有这样的路线，只要足够聪明地利用太阳、月亮以及其他行星的引力，那么沿着这条路线的旅行就几乎不需要什么能量。而事实上，星际旅行就使用了这项技巧。

当然，首先我们需要精确地计算出路线的起点和终点，并且计算出保证正确旅行方向所必需的路线调整方案的详细数据。这需要非常高深和繁复的数学计算。可以肯定地说，如果没有过去几十年以来纯数学与应用数学的进展，以及当代计算机所拥有的运算能力，这种计算是绝对无法完成的。

这只是许多数学应用项目中的一个，它是帕德博恩大学德尔尼兹教授项目组的研究项目。关于这个项目，在 www.mathematik.de 网站"信息"之下的"当前项目"可以看到更多的细节。

现成的数学

几个世纪以来，数学已经积累起数量极多的方法与结论，它们作为现成的结果，可以直接应用于现实问题。当然，数百年间绝大多数成果的获得，是因为现实问题所包含的数学对数学家的吸引力，具体应用通常并不在数学家考虑的范围之内。然而，对已有数学工具加以应用性修改，往往就可以解决实际应用中所提出的问题。

一个早期的著名例子是关于圆锥曲线的：用利刃切割圆锥时，我们会得到不同的曲线，有圆、椭圆、抛物线，还有双曲线。古希腊人就已经知道这些曲线的很多性质，关于这个主题，早期的标准专著是阿波罗尼乌斯的《圆锥曲线》，其成书年代大约在公元前 2 世纪。

经过大约 1700 年，在拜占庭帝国崩溃之后，古希腊的数学知识开始引起中部欧洲的注意。然而，多个世纪以来的多次翻译和传抄，给传世文本平添了无数的错误。16 与 17 世纪最好的数学家们都致力于尽可能恢复原本的面貌，最终使阿波罗尼乌斯的工作为知识界所知晓。

天文学家开普勒试图将哥白尼的宇宙学说与现有的观测数字统一起来。这时，阿波罗尼乌斯的专著起到了非常重要的作用。哥白尼说所有行星都沿着圆形轨道围绕太阳运转，但在天文观测更为精确的 17 世纪初期，人们发现哥白尼所说的并不十分正确。正是由于他的高超见识，开普勒用椭圆轨道取代哥白尼所说的"圆形轨道"，而他所需要的关于椭圆的所有知识，都早已写在阿波罗尼乌斯的著作中。

类似的例子数不胜数。如果没有 19 世纪中期创立的黎曼微分几何，爱因斯坦在 20 世纪初提出的广义相对论就没有必需的数学基础。而 20 世纪 60 年代发展起来的计算机断层扫描技术，即我们所说的 CT，其数学基础在这种技术发明之前就早已完备。

除了少数例外的情形，对一个现实应用中出现的问题，人们通常需要从无到有，建立起把它转化成数学问题的理论。而知识的吸引力与解决实际问题可能性的相互叠加，在很大程度上是数学具有其独特魅力的原因。

022 剩余并非多余
模与剩余

    如果你想把81颗橡皮糖（如图27），平均分给5个小朋友的话，那么你会剩下一颗——你可以自己吃掉它。这种情形，用数学家们的话说，是"81模5等于1"。一般地，"m 模 n"就是将 m 除以 n 所得的余数。在很多数学领域里，"模"这种运算扮演着重要的角色。

图 27 81 模 5 等于 1

    对很多特殊情形，非数学专业的人也可以很好地使用这种技术。例如，如果你想知道39天之后是星期几的话，直觉很正确地告诉你，你应该计算39模7。这个运算的结果等于4，因此，只要知道今天是星期几，你想要的答案就已经呼之欲出了。再比如，50个小时后是什么时间？这很简单！50模24等于2，所以，手表上的时间加上2个小时，就是我们的答案。

图 28 现在与 50 小时之后

到目前为止，我们所说的都还不值一提，我们只不过是对一种常用的计算给出一个数学术语。然而，对数学家们来说，模的背后隐藏着丰富的内涵，关于数字的很多惊人事实可以用模运算来表述。我们举一个例子：假设 n 是一个素数，而 k 大于或等于 1 且小于或等于 $n-1$，那么，k 自乘 $n-1$ 次会得到什么结果？这个问题的答案相当出人意料：这个结果模 n 总是等于 1！在橡皮糖例子中，小朋友的人数 $n=5$，它是一个素数。如果我们将 k 的值取为 3，那么它的 $n-1$ 次自乘就是 $3\times3\times3\times3=81$，也就是橡皮糖的总数。根据我们刚刚所说的答案，这个数（即 81）模 5 一定等于 1，换句话说，剩下一颗橡皮糖这个结果，可以由上述定理直接推出。

很久很久以前，在 n 是素数的前提下，"k 的 $n-1$ 次自乘模 n 等于 1"这一结论就已经为人们所熟知，首先得到这个结果的是 17 世纪的法国数学家费马。现在，这个定理在密码学中占有重要的地位，只不过密码学中所用的都是长达数百位的巨大素数（参见本书第 23 篇）。

六乘六等于一

除以 n 的余数，或者说模 n 的剩余，取值的范围是 0，1，$\cdots$，$n-1$。模的加法和乘法，与普通数值的加法和乘法运算很相似，只不过运算的结果需要改为它的余数。

例如，关于模 7 的运算，3 乘以 5 等于 1。这是因为，3 乘以 5 等于 15，而 15 模 7 等于 1。相似地，由于 10 模 7 等于 3，所以在关于模 7 的算术中，$4+6$ 的结果就等于 3。

正因此，模的算术运算与普通算术运算有很多相同的性质。当 n 是素数时，这种相似性更为突出。此时，对每一个非 0 的数 k，都存在一个数 l，使得 kl 等于 1。作为例子，我们再次考虑模 7 的情形，取 $k=6$，计算 1×6，2×6，3×6，4×6，5×6，6×6，我们依次得到 6，5，4，3，2，1。因此，6×6（模 7）等于 1。

上述性质对 n 不是素数的情形并不成立。例如，如果我们取 $n=12$，那么，我们无论如何都无法找到一个 x，使得 $4x$（模 12）的结果等于 1。其原因是，$4x$ 除以 12，所得的余数只能是 0、4 或 8。

模算术丰富的代数性质使得模在数学中具有重要意义。例如，加法交换律在模算术中也是成立的，换句话说，无论 n 等于多少，$a+b$ 与 $b+a$ 模 n 总是得到相同的结果。

023 绝对机密
RSA 算法

素数在我们这本书中已经出现过好多次，本篇要告诉大家的是，巨大素数是如何使密码学发生革命性变化的。

假设你确定了两个巨大的素数 p 和 q，它们是什么只有你自己知道。在这里，"巨大素数"指的是具有好几百位数字的素数。现在，我们计算 p 和 q 的乘积，然后把结果记为 n。

图 29 经典密码机 "恩尼格玛"

令人惊叹的是，素数 p 和 q 深藏于结果 n 之中，就像缝衣针藏在干草堆里那么隐秘。具体地说，目前没有什么办法，可以在不太长的时间内，从 n 中计算出 p 和 q。用世界上运算速度最快的计算机，计算几千年也不能！

当代密码编制正是利用了这个事实，它应用了一个已经出现数百年的数论定理：我们可以以特定方式对 n 进行一系列的操作，而还原这些操作只有在知道 p 和 q 的前提下才有可能。因此，如果你的朋友想要传送给你一条秘密信息，你只需要把一个 n 传送给他，并告诉他在他的信息转化成大的数字之后，用 n 对它加密的办法就可以了。对于他传送给你的这条加密后的信息，只有知道 p 和 q 的你才知道怎么解密，任何其他人都不可能破解出丝毫有用的内容。

这种编码方式的革命性之处在于，你传送的 n 以及 n 的用法，朋友传送给你的加密信息，都是公开传送的，它们不需要保密！任何人即便获得这些公开的信息，也无法知道加密信息的内容。因此，这种加密技术被称为"公开密钥密码术"。

上面我们只是含糊地提到"用 n 加密的办法"，事实上，它背后的数学就是本书上一篇所提到的模算术。为了通过互联网或其他渠道公开地传输加密信息，这种基本的数学运算每天被应用数百万次，这一事实连数学家们都感到非常惊讶。

用 RSA 算法加密

为了进一步理解公开密钥密码术，我们需要知道一些术语和若干数学事实。粗略地说，著名的 RSA 算法[①]是这样的：

基础

基本思想是应用在本书第 22 篇里介绍的模算术。我们只需要知道，例如，为什么模等式 $211 \bmod 100 = 11$ 是正确的[②]。而如果你有计算机，你就可以确信：

$$265\,252\,859\,812\,191\,058\,636\,308\,480\,479\,023 \bmod 1\,459\,001 = 897\,362$$

这一数学事实。在本书第 22 篇我们介绍过一个令人惊讶的定理：如果 n 是素数，而 k 是介于 1 和 $n-1$ 之间的整数，那么

$$k^{n-1} \bmod n = 1$$

永远成立。

这个定理就是著名的"费马小定理"[③]。如果我们将上述等式两边同时乘以 k，则得到

$$k^n \bmod n = k。$$

我们不会在这里给出定理的证明，但我们将用它来展开下面的讨论。

我们举个例子来说明一下：取 $n=7$，$k=3$。此时，$k^n = 3^7 = 2187$，而

$$2\,187 \bmod 7 = 3$$

的确是正确的。

我们需要将上述费马小定理推广到 n 为非素数的情形，这个结果是由欧拉（1707—1783）首先证明的。要陈述这个结果，我们需要知道"互素"的概念：如果两个自然数 m 和 n 的最大公约数是 1，那么这两个数就是"互素"的。因此，15 和 32 是互素的，但 15 和 12 不互素，它们有公约数 3。

如果 n 是一个正整数，我们将从 1 到 n 之间与 n 互素的整数的个数记为 $\varphi(n)$。例如，对 $n=22$，在 1 与 22 之间有 1、3、5、7、9、13、15、17、19、21 共 10 个与 22 互素的整数，因此 $\varphi(22)=10$。

---

① 这种加密法由 Rivest、Shamir 和 Adleman 于 1977 年提出，因此以他们的英文字头命名。

② $211 \bmod 100 = 11$ 是"211 模 100 等于 11"的符号写法。

③ 费马的"大定理"说：对任何 $n>2$，$x^n+y^n=z^n$ 没有正整数解，更多内容可参考本书第 89 篇。

现在我们可以介绍欧拉定理了。欧拉证明：如果 k 与 n 互素，那么

$$k^{\varphi(n)} \bmod n = 1。$$

作为验证的例子[①]，我们取 $n=22$，$k=13$。此时，

$$k^n = 13^{10} = 137\,858\,491\,849，$$

而 137 858 491 849 模 22 确实等于 1。

不难发现，费马小定理是欧拉定理的特殊情形，即 n 是素数的情形。当 n 是素数时，所有介于 1 和 $n-1$ 之间的整数都与它互素，所以 $\varphi(n)=n-1$，这时的欧拉定理就是费马小定理。

RSA 算法

首先我们必须找到两个巨大的素数 p 和 q，并计算出它们的乘积 $n=pq$。此外，我们还需要两个数 k 和 l，要求它们满足 $kl \bmod \varphi(n)=1$。由于 p 和 q 都是素数，在介于 1 和 n 之间只有它们的倍数与 n 不是互素的。因此，$\varphi(n)=(p-1)(q-1)$。

这里是一个例子：当 $p=3$，$q=5$ 时，$n=15$，小于 15 又与 15 互素的正整数有

$$1、2、4、7、8、11、13、14$$

共 8 个，因此 $\varphi(n)=8$。而 $(p-1)(q-1)=2\times4=8$，两个数确实相等。

现在，我们的准备工作终于完成了。p、q 和 l 需要保密，但 k 和 n 则可以向所有人公开。如果谁想要发送一段信息，他需要先把该信息转换成一串数字（例用它们的 ASCII 码），然后把这串数字分成等长的数字块，比方说每块 50 位数字。

完成上述工作之后，就可以对信息进行编码了。假设你想发送一条加密信息，那么，对某块数字 m，你就需要计算 $m^k \bmod n$，并将结果记为 r。这你当然可以做到，因为 n 和 k 都是公开的。在对所有的数字块进行这种计算之后，你就可以把计算结果发送出去了。当然，你的发送方式是公开传送，任何想看到这些数字的人都有可能看到。

解码者必须知道 p、q 和 l，而解码的过程是这样的：对每个接收到的 r，计算 $r^l \bmod n$。由于 $r^l=(m^k)^l=m^{(kl)}$，而 $kl \bmod \varphi(n)=1$，因此，存在一个整数 s，使得 $kl=s\varphi(n)+1$。因此我们有

$$r^l \bmod n = m^{kl} \bmod n = m^{s\varphi(n)+1} \bmod n = m(m^{\varphi(n)})^s \bmod n。$$

根据欧拉的定理，$m^{\varphi(n)} \bmod n = 1$，因此我们得到：

$$r^l \bmod n = m(m^{\varphi(n)})^s \bmod n = m \times 1 \bmod n = m。$$

---

① 愿意手算的读者可以选择小些的数字，例可以取 $n=6$，$k=5$，然后进行手工验证。

这样就解出了原始信息 m！需要补充说明的是，由于 p 和 q 都是长达数百位的巨大素数，m 远比它们都小，所以欧拉定理中 m 与 n 的互素条件是满足的，上式中最后一个等号也不会出现问题。

另一方面，以上只有知道 $\varphi(n)$ 的人才有可能完成，由于 $\varphi(n) = (p-1)(q-1)$，任何人只要能够从公开的 n 中求出它的素因数，就可以破译出传送的信息，而这正是因数分解问题在近年来非常热门的原因[①]。

现在我们来看一个使用小素数的示例（现实中我们不可能使用小素数进行加密，但作为示例则没有问题）。取 $p = 47$，$q = 59$，则其乘积为 $pq = 47 \times 59 = 2\,773$。由于 $\varphi(n) = (p-1)(q-1) = 46 \times 58 = 2\,668$，而 $17 \times 157 = 2\,669$，我们可以取 $k = 17$，$l = 157$。现在，我们公开 2 773 和 17，但将 47、59 以及 157 作为绝密信息自己保存起来。

假设要传送的信息已经转换成数字 1 115，我们来看看如何加密和解密。在加密时，加密者利用公开信息，计算 $1\,115^{17} \bmod 2\,773$，得到的结果是 1 379。在解密时，解密者知道 47、59、157 这些绝密信息，但他只需要用到 157 这个数：即计算 $1\,379^{157} \bmod 2\,773$。在计算机的帮助下，几毫秒就可以得到结果：1 115。

注意，2 773 和 17 都公开的，如果谁发现 2 773 等于 47 与 59 的乘积，那么他就可以计算 46 与 58 的乘积。将这个计算结果加上 1，再除以公开的 17，他就可以得到解密所用的关键数字——157。因此，对小素数而言，破解这种加密方法并不很困难。但由于对巨大素数来说，其乘积的因数分解目前没有实际可行的手段，所以这种加密算法是安全的。

① 可参考本书第 43 篇。

024 魔性的数学
吉尔布雷思魔术

混沌中存在秩序，这是我们在本篇提出的，关于数学魔法的格言。这回，我们需要一副红黑两色数目相等的牌，比如一副 52 张的标准扑克牌。在准备阶段，我们需要把牌张以红黑两色交替的形式排好，如图 30 所示。

图 30 红黑交替

现在，我们有三次洗牌的机会。首先，我们在大约半副牌的地方把牌分成两半；接着，请第二个人将这两部分牌洗到一起。最后，让第三个人沿着两张相同颜色的牌张之间把牌分成两半，如图 31 所示。

图 31 切牌，洗牌，再切牌

将最后得到的两半叠在一起之后，天真的人会认为这副牌已经乱得没有规律可循了，而乍一看也似乎如此。然而不然。事实上，现在的这副牌中，第 1 张和第 2 张的颜色不同，第 3 张和第 4 张颜色也不同，第 5 张和第 6 张等等，也都是如此。作为魔术师，你现在可以将牌放到口袋里，嘴里念着咒语，然后一对又一对地掏出颜色相反的两张牌。你好像在变魔术，而实际上你不过是按照整副牌的顺序往外掏牌而已！

图 32 一对一对地掏牌

这个小魔术背后的数学是很有趣的，用组合数学的方法可以证明，前面描述的三步洗牌法必然得到上述的结果。关于这个问题，数学家们考虑的是所谓的"不变量"。这种洗牌方式称为"吉尔布雷思洗牌法"，它是魔术师吉尔布雷思在20世纪初发明的。我们认为，他应该是通过不断试错的过程才发现了这种洗牌法。

魔术的变体

为了那些想要学习更多魔术技法的读者，我们来介绍上述魔术的一种变体。我们回顾一下前述魔术的概要：

- 准备一副红黑牌张数目相同的扑克牌，排成两种颜色交替的形式。
- 切一次牌，然后洗一次牌。
- 选择颜色相同的两张牌之间，再切一次牌。

结果是，按整副牌的顺序每次取出两张牌，则每对牌的颜色都不同。

这个魔术的变体是这样的：准备阶段和上面一样，同样首先切一次牌。注意，这回你需要观察切牌后两半的最后一张牌是不是颜色相同。这是不难做到的，你只要在把牌交给第二个人的时候偷看一眼就可以了。

第二步也一样是洗一次牌。但是，这回你不需要最后的切牌步骤。

相对于第一种方式，这种做法的好处是：你不需要让别人寻找洗牌后颜色相同的牌张的位置，这样别人就不会发现红黑两色的分布比完全洗乱要有序得多。

现在，有两种情况可能出现：第一种情况是切牌时两半的最后一张牌的颜色不同，这时你什么都不需要做，就已经可以确保每一对牌张的颜色不一样。而对于切牌时两半的最后一张牌颜色相同的情况，事情则要复杂一些：在你嘴里念着咒语的时候，你需要把最顶上的牌张挪到最底下去。只要做到这点，整副牌就会呈现每对牌颜色都不相同的形式。当然，你也可以不移动最顶上的牌张——你可以把最上面和最下面的牌作为第一对牌掏出口袋！怎么样？开始上台表演吧！

也许你会问：这和数学有关系吗？当然，这个魔术靠的正是数学规律的保证，数学证明我们所描述的牌张模式必然出现。然而，这些数学知识的难度超出了本书的范围，我们只好不作介绍。

第3版后记：如果您是一位对基于数学原理的魔术有兴趣的读者，您可以访问 www.mathematics-in-europe.eu，在其 Miscellaneous/Mathematical magical tricks 之下您会找到一些相关的内容。

025 旷世奇才
高斯轶事

人们是如何理解超常现象的？卡尔·弗里德里希·高斯（1777—1855）被很多人认为是历史上最伟大的数学家，并且毫无疑问地被认为是德国的文化瑰宝。在欧盟推出欧元之前，德国的 10 马克纸币上就印着他的头像，以及他某些成就的图像化呈现。例如，这种纸币上印着一条著名的钟形曲线，代表着概率论中的高斯分布。

图 33 印有高斯头像的 10 马克货币

几乎没有一个活着的数学家有资格说，他或者她能够理解发生在高斯身上的现象。他的著作在数十年间为数学研究设立了标杆，而他故意将很多研究成果秘不示人，也是很著名的旧事。他之所以不公开这些研究成果，其中一部分的原因是他认为时代还没有为接受它们做好准备；另一部分的原因则是，他认为那些成果不够有吸引力，尽管其中有些后来被确认为突破性的工作。

举例来说，高斯正确地判断出，他生活的时代无法接受非欧几里得几何。数学家和哲学家 2000 年来都习惯性地认为几何学只有一种，也就是大约 2500 年以前的欧几里得几何学。在这种几何里，三角形的内角和等于 180°，经过直线外的一个定点存在唯一的直线与该直线平行，如此等等。

然而，高斯认识到，欧几里得几何只是很多可能的几何之中的一种。在1821年，他通过实际测量地球上一个很大的三角形，验证了它的各个内角。他发现，欧几里得几何在实际上，至少在测量误差的范围内是成立的。这个三角形的三个顶点是：哈茨山的布罗肯峰（见图34），图林根森林的因塞斯堡，以及哥廷根附近的霍希尔黑根。

图 34 哈茨山的布罗肯峰

但几年之后，他意识到非欧几里得几何可以用来描述自然界，例如用于关于引力的一般理论[1]。

我们不可以把高斯仅仅看成是数学家，他在物理学和天文学方面同样很出色。他在电磁学方面贡献突出，而在天文学方面，他则采用新的数学工具来计算天体的运行轨道。当他还是个青年的时候，他关于谷神星位置的预言就已经使他在天文圈中享有大名。

高斯之杰出的一个证据，是直到今天我们还经常在各种场合遇到他的名字。最近，最著名的数学大奖之一就被冠以他的名字；而德国数学学会最重要的，每学期在各大学轮流举办的活动，也理所当然地被命名为高斯讲座。

正十七边形

在只有 17 岁的时候，高斯就发现了数论与几何之间一个非常重要的联系——这是关于用圆规和直尺画出正 n 边形的作图法的定理。

在高中学过平面几何的读者可能知道，$n=3$ 时的作图是很简单的。要画出正三角形，我们只要首先画一条直线段，分别以该线段的两个端点为圆心，以线段的长度为半径画出圆弧，两圆弧的交点，以及线段的两个端点，就是一个正三角形的三个顶点。$n=4$ 的情形是正方形，由于用直尺和圆规很容易画出直角，它的作图方法也不复杂。但是，对其他的自然数 n，情况会是怎么样呢？

自古以来人们就知道，正五边形和正六边形都可以用尺规作图。那么，是不是所有正 n 边形也都可以呢？答案是否定的。正是因为高斯的工作，我们才准确地知道，n 等于哪些数值时可以用直尺和圆规画出正 n 边形。从可以写成 2 的次方加 1 的素数出发，我们可以找出所有这些数值。这种形式的素数称为费马素数，当前所知最大的这种素数是 65 537，而 $2^2+1=5$，以及 $2^4+1=17$ 是较小的两个。如果 n 等于费马素数，或者是两

---

① 关于非欧几里得几何的更多内容可参看本书第 80 篇。

个不同的费马素数的乘积，或者是前两种数乘上 2 的某个次方，那么相应的正 n 边形就可以用直尺和圆规画出。而且，除了这些 n 之外，其他正 n 边形都不可以用尺规作图。例如，由于 7 这个素数不能写成 2^{k+1} 的形式，我们就不可能用直尺和圆规画出正七边形。当然，正七边形的近似作图法是存在的，但那不属于我们的讨论范围。

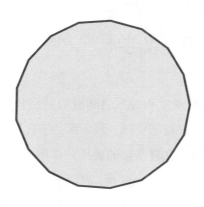

图 35 正十七边形

征服老师

与其他文化史上著名人物的情形相似地，关于高斯同样有不少趣闻轶事流传至今。尽管这些轶闻未必完全真实，有的甚至是捕风捉影，但它们都强调了高斯个人特征的一些侧面。

以下是最著名的一则关于高斯的轶闻，为了让已经听说过的读者也能有些许新鲜感，我们尽可能以新颖的方式来讲述：在一年级开学之后几个星期，高斯的老师为了使班级保持安静，让班上的所有同学计算前 100 个自然数的和。也就是说，让他们计算 $1 + 2 + 3 + \cdots + 100$。

刚刚过去一分钟，高斯就告诉老师说他已经得到了答案，并且把 5 050 这个正确的答案呈交给老师。原来，他没有像其他同学那样，从 1 开始逐个进行冗长的连续加法运算，而是简单地进行心算——他将这 100 个数首尾配对，化成

$$(1 + 100) + (2 + 99) + \cdots + (50 + 51)$$

的形式。这样做的优势是非常明显的，由于每个括号里的数值都等于 101，而总共有 50 个括号，因此他只做了一个简单的乘法，立刻就得到 5050 这个正确的结果。

这个例子告诉我们，不仅在数学领域中，在现实生活中也一样，看问题的角度决定着问题的难易程度。

026 半音与12次方根

音律中的数学

一直以来人们都相信，数学家和音乐之间有着特别紧密的联系。然而，最近在一个数学家大会上进行的一次快速普查却发现，数学家并不比律师或医生更喜欢音乐。不过，如果说数学与音乐这两个领域存在着密切的关系，那倒毫无疑问是正确的。

2500多年以前，毕达哥拉斯就已经发现，当两根琴弦的长度存在简单的数量关系时，同时拨动它们所发出的声音会特别地悦耳。比方说，假如一根弦的长度是另外一根弦长度的两倍，而它们材料的质地和弦紧绷的程度等条件都一样，那么短弦所发出的声音恰好比长弦的声音高八度。用现代声学的话来说，短弦声音的频率恰好是长弦声音频率的两倍。而对于纯五度的音程，弦长的关系是 2 比 3。根据这个原则，毕达哥拉斯学派建立了完整的音阶体系。然而，秘密还是没有被完全揭开：在所有文化中，悦耳的音乐与简单数学比例之间都存在着联系，这究竟是什么原因？

很不幸，毕达哥拉斯的音阶与相应的音乐体系存在一个重大缺陷：当我们试图从一个调式转换到另一个调式，也就是将另一个音定为音阶系统的基础音时，新音阶系统中的数学关系就会与原来的音阶系统有所不同。（这就是说，如果想用适合某个调式的乐器演奏另一个调式的乐曲，就需要对该乐器各音阶做出微调，否则旋律就会走样。）

上述问题的存在，促使人们产生将一个八度平均分为 12 个等分的想法。从一个半音到高一级的半音，频率增加的比例被设定为 2 的 12 次方根，也就是增加的倍数是 1.059 463 094…。这种平均律于 300 多年以前首次被确立[①]。在他的《平均律键盘曲集》中，巴赫（1685—1750）用包含所有 24 个大调和小调的一组前奏曲和赋格曲，集中展示了平均律的优点——无论乐曲是什么调式，演奏者都不需要对乐器重新调音。

这一进展并没有穷尽将数学与音乐关联起来的可能性。20 世纪以来，从调音方式到大规模组曲，很多作曲家在他们的创作中采用了多种不同的数学关系。例如，作曲家谢

---

① 事实上，准确的十二平均律最早见于明朝万历中期朱载堉所著的《乐律全书》，距今已略多于 400 年。——译注

纳基斯（1922—2001）采用概率论方法、对策论及群论等数学理论，来建立其作品的组构原则。

然而，无论我们对数学的评价有多高，数学公式都无法描述我们对舒伯特奏鸣曲的喜爱，以及我们对某些流行歌曲的欣赏。

毕达哥拉斯体系与平均律

为什么 2 的 12 次方根会在我们讨论平均律时莫名其妙地突然出现？原因是这样的：如果要把一个八度的音程分成 n 等分，吉他的制作者就需要在指板上做出 n 个"品"[①]，而最后的品必须准确地位于弦的正中间[②]，如附图所示。如果空弦与第一品之间，以及所有第 k 品与第 $k+1$ 品之间的音程都相等，那么每一对相邻乐音之间的频率比也就完全相同。

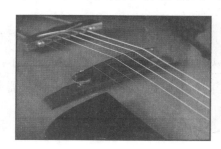

图 36　平均律乐器

如果把相邻两品之间的这种频率比记为 x，我们就可以直截了当地计算出它的数值：两个相距 k 品的乐音之间，其频率比显然等于 x^k。由于相距 n 品的两个乐音之间，高音与低音相差八度，其频率比为 2：1（相反，弦长比是 1：2），$x^n = 2$。平均律所对应的 n 等于 12，因而我们有 $x^{12} = 2$，即 $x = \sqrt[12]{2} = 1.059\,46\cdots$。

这样，C# 与 C 的频率比就等于 1.059 46…，D 与 C#，D# 与 D 等所有半音阶音程之间的频率比也全都等于这个比值。任意两个音之间的频率比也不难据此计算出来，例如，D 与 C 的频率比可以这样计算：

$$D 与 C 的频率比 = C\# 与 C 的频率比 × D 与 C\# 的频率比$$

$$= 1.059\,46\cdots × 1.059\,46\cdots$$

$$= 1.122\,46\cdots。$$

下面我们以 C 大调为例，同时列出毕达哥拉斯音阶体系与平均律体系的频率比：

---

① "品"是弦乐器指板上凸起的横纹，用以帮助找音与定音。——译注
② 前文说过，相差八度的音之间的弦长比是 2:1，按下弦的正中间，所得到的弦长就是空弦弦长的一半，其乐音恰好比空弦高八度。——译注

	毕达哥拉斯体系	平均律体系
C	1	1
D	1.125 00	1.122 46
E	1.265 63	1.259 92
F	1.333 33	1.334 84
G	1.500 00	1.498 31
A	1.687 50	1.681 79
H	1.898 44	1.887 75
C	2	2

从上表我们可以看到，每行中的数字都几乎没有差别，这就是说，两个音阶体系中相应乐音间的频率比差别非常小。事实上，未经专业训练的耳朵基本上都听不出二者的区别。现在的流行音乐基本上都是平均律音乐，但在使用流传下来的古典乐器演奏时，演奏者经常会试图奏出乐曲本来的乐音[①]。

---

① 较早的古典乐器大多是毕达哥拉斯音阶体系的乐器，如前所述，其标准音阶体系与平均律体系有所不同。在音阶固定的古典乐器上，演奏者可以使用演奏技巧部分地实现这种企图。——译注

027 经常站错队

排队论

本篇的主题是心理学。你是不是曾经有过这样的体验：在超市、交费站或邮局排队时，其他队列总是比你所在的队列要快一些？其实，所有人都有过这样的体验。知道这一点你会很高兴，而这种现象其实也很容易解释。

图 37 收银台前的队列

比方说，邮局有五个窗口，每个窗口前面都排着长度相近的队列，而你必须选择一个队列排队。那么，概率论告诉我们，你随机选择而选中最快队列的概率只有 1/5，或者说 20%。换个角度说，有 80% 的可能性你会发现：你站错队了。由于这种情形经常出现，你会有一种印象，觉得命运总是在捉弄你。

由于在进化过程中人类传承的是明显有缺陷的数学直觉，现实与我们的期望经常是相互背离的，而这将是本书经常谈论的话题。例如，在本书第 6 篇我们谈到人类的直觉无法领会指数函数的快速增长；在第 14 篇则说到，仅凭直觉的话，很多人都不会接受三门问题的正确答案。

在这里我们指出，本篇开头提到的排队问题，已经经历了长期的认真研究，"排队论"已经成为概率论的一个经典分支。

排队论有许多应用。如果我们完全理解了排队问题，那么这些知识就可以应用到很多不同的领域，例如交通灯的最优化安排，互联网节点间数据包的传送等问题。

队列

我们刚刚说过，排队论是概率论的一个分支。为描述一个典型的结果，考虑一个面向公众的服务型单位：顾客先是到达，接下来得到服务，然后离开。它可以是一个饭店、一个锁匠摊，甚至可以是博物馆，或者是热门旅游景点。总之——你明白我们说的是什么。

现在，我们做如下假设：

- 每个顾客随机地单独前来。这里，"随机"的意思是我们不可能知道下一位顾客会在什么时候到达，用数学的术语来说，我们所能知道的只是顾客到达的平均时间呈"指数分布"。此外，我们假定多个顾客不会同时到达[①]。然而，我们知道一个期望值：平均起来，每隔 K 秒有一个顾客到来。
- 当顾客到达时，他或她立刻得到接待。与到达时间一样，顾客的逗留时间也不能预知，但平均服务时间是已知的：服务一位顾客平均需要 L 秒。

对不同的情形，这些假设与实际情况的差距有大有小。对于有足够服务生，但空闲餐桌不多的大饭店，这些假设就很合适。对游客参观历史著名大教堂的情形，它们似乎也没有问题。

参数 K 和 L 之间是相互独立的，它们依赖于具体的情形。比方说，对大教堂而言，K 小意味着游客多；而当 K 的数值大时，就表示游客到来的平均间隔时间长，即近乎"门可罗雀"的情形。相应地，如果 L 值小，那意味着游客的平均参观时间短，他们大多是"走马观花"。而 L 值很大时，游客大多参观得很仔细——例如拜访梵蒂冈大教堂的游客。

我们的问题是：对任何给定的时刻，如何预测此刻顾客的数目？定性的结论是很清楚的：大的 K 和小的 L 意味着，任何时刻的平均顾客数目都不大。然而，我们希望能够知道一些更准确的数据，比如，锁匠摊应该为等待的顾客准备几把椅子？餐馆应该雇用多少个服务生？这种类型的问题，应用概率论是可以解决的。

做法是这样的：记 $\lambda = L/K$，它表示任何时刻顾客的平均数目。这样，顾客数目恰好等于 k 的概率就会等于 $\frac{\lambda^{-k}}{k!}\mathrm{e}^{-\lambda}$。这里的 $k!$ 称为 "k 的阶乘"，表示从 1 到 k 所有自然数的乘积；而 e 称为"欧拉数"，它等于 $2.718\cdots$，是自然对数的底数[②]。

我们举一个例子来说明这个公式。假定 $K = 60$，$L = 120$。这就是说，平均每 60 秒有一位游客到达，而他或她的平均逗留时间为 120 秒。此时 $\lambda = 120/60 = 2$。这样，任何时刻有 k 个顾客的概率就可以计算出来了，其中的前几个数值如下：

游客数 k	0	1	2	3	4	5
概率	0.135	0.271	0.271	0.180	0.090	0.036

如果这是锁匠摊的例子，那么，由于前五个概率之和为 $0.135 + 0.271 + 0.271 + 0.180 + 0.090 = 0.947$，他只要摆放 4 把椅子，出现顾客站着等待服务的可能性就很小，只有 $1 - 0.947 = 0.053$，刚刚超过 5%。

---

① 这与关于游客的情形不符，我们只假设游客都是散客，分别单独到达。

② 关于 e，读者可参考本书第 42 篇。

028 被误解的"零"

"零"的前世今生

　　数字是一种抽象的概念，五个梨子的集合和五个苹果的集合有一个共同的特点——它们正好都有五个元素，而"五"这个概念正由此而产生。在文字之外，为这种概念引入符号是很有实用意义的。所有的文化中都出现了这样的抽象，甚至连蹒跚学步的小孩也懂得简单数字的运算。

　　但是，"零"这个数的概念是怎么产生的呢？没有元素的集合理所当然地并没有引起古人的注意，在经历数百年的实践之后，人们才发现为"零"这个概念引入记号是有意义的。例如，古罗马数字系统中就没有"0"。而实际上，罗马数字系统很不适合用来做算术运算。只有在引入"0"，并且使用位值制①数字记号之后，我们才可以容易地表示较大的数字，并且方便地用它们进行运算。

　　只要会背诵乘法表，懂得一位数字的加法，我们就可以毫无困难地进行大数间的算术运算。而在这里，零这个符号起着至关重要的作用。例如，在 702 这个记号中，"0"被用来表示这个数的十位上没有数字，它只有 7 个"百"和 2 个"一"。而一个数末尾的 0 越多，它们前面的数字表示的数值就越大：1 000 前面的"1"，表示的数值就比 10 前面的"1"要大很多。

　　在古印度的位值制系统中，零一开始只是用空位符号来表示，并注明该位置没有数字（比起什么也不写而只留空格的做法，这种做法显然可以减少误读）。在《没有是什么：关于零的历史》一书中，罗伯特·卡普兰说：有一个时期，印度人眼中的零"与数字的关系，就像是逗号与字母的关系"。直到 16 世纪初，人们才承认零拥有与其他数字完全相同的地位。

　　在数学家那里，零扮演着比表示数字远为重要的角色，它是所有数字里最为重要的

---

　　①　"位值制"的意思是说，像 0、1、2 等数字，它们出现在一个数的不同位置时，表示的数值是不一样的。以 123 这个数为例，它的"1"出现在"百位"上，它表示的数值就是 100，"2"出现在"十位"上，它表示的数值就是 20。显然，如果没有"0"这个符号，位值制数字是很难用符号来表示的。此外我们特别指出：古罗马数字系统不是位值制系统，1、10、100、1000 都需要用不同的符号来表示，它们分别被写成 I、X、C、M。例如，2013 这个数，古罗马人的写法是 MMXIII。——译注

那个。这种重要性的根本原因在于：给任何数加上零都不会改变它的数值。用数学的术语说，它是"零元"或"加法运算的单位元"。它可以被看成是所有数的中心，正数与负数之间的分界点。

其实，零的角色至今仍然没有被准确地确定下来。在 2100 年的纽约新年狂欢之前很长的一段时间里，都将会出现这样的讨论：22 世纪究竟从什么时候算起？而这完全取决于我们到底从什么数字开始数数，是从 0 开始，还是从 1 开始？

如何求出未知数？

我们将用一个只涉及加法的简单例子，来说明在运算中如何应用零的性质。我们只在整数的范围，即

$$\cdots,\ -2,\ -1,\ 0,\ 1,\ 2,\ 3,\ \cdots$$

的范围内讨论问题。

首先我们必须相信，如上所说，零不会改变加法运算的结果。也就是说，无论 y 的数值是什么，我们都有 $y+0=y$。接下来，我们要认识到我们总是可以"回归到零"。这意思是说，对任何一个数 y，都存在一个数 w，使得 $y+w=0$。例如，当 $y=5$ 时，我们可以取 $w=-5$；而对于 $y=-13$，$w=13$ 就是我们想要的数字。通常，我们用 $-y$ 来记 w，并且说它是"y 关于加法运算的逆"。容易知道，$-(-13)=13$，这就是通常所说的"负负得正"。

有了这些，我们就做好了解代数方程的准备工作。现在，假设我们要寻找一个数 x，使得方程

$$x+13=4\,299$$

成立。方程里未知数 x 可以这样求解出来：简单地将方程两边同时加上 -13，也就是说，加上 13 关于加法运算的逆。这样，原始方程就变成

$$(x+13)+(-13)=4\,299+(-13)。$$

由于加法满足结合律[①]，方程的左边可以改写成 $x+(13+(-13))$。而由于 -13 是 13 的加法逆，$(13+(-13))$ 可以用 0 来代替。然而如上所述，0 是加法的单位元，所以 $x+0$ 就等于 x。于是，整个方程就变成 $x=4\,299+(-13)$。方程的右边通常写成 $4\,299-13$，因而很容易地，未知数 x 的值就等于 $4\,299+(-13)$，即 $4\,286$。

对如此简单的问题，以上的做法似乎是太过复杂了，连数学家都会简单地从方程两边同时减去 13。然而，我们想要表明的是：正是由于零在其中扮演着重要的角色，我们才能够以这样的方式来求解这个方程。

---

① 参见本书第 20 篇。

029 数数大有学问

二项式系数与组合数学的若干结果

组合论是数学一个古老而又高妙的分支，它在很多领域里都扮演着重要的角色。它最主要的目标，是计算出某件事物有多少种呈现形式或多少种安排方式，而这个数值通常是相当巨大的。以德国的乐透奖为例：从 49 个数中选取 6 个，总共有多少种选取方式？

假设我们有一个大缸，里面放着 49 个球，它们以 1 到 49 这 49 个数字编号，并且完全没有规律地混在一起。然后，你六次把手伸进缸里，每次取出一个球，把六个球上的编号作为你在乐透彩票上选取的数字。

那么，总共有多少种选取方式呢？第一次取的时候缸里有 49 个球，但第二次取球时只有 48 个，此后依次递减。因此，六次总计，一共有 $49 \times 48 \times 47 \times 46 \times 45 \times 44 = 10\,068\,347\,520$ 种取球方式。不过，且慢！这些取球的方式并不总是导致彩票上号码的不同——同样的六个号码可以以不同的顺序取得！例如，你依次取得 2、3、34、23、13、19，和你依次取得 23、2、34、3、13、19，填到彩票上就没有区别了。事实上，六个球总共有 $6 \times 5 \times 4 \times 3 \times 2 \times 1 = 720$ 种不同的取得顺序。换个角度说，第一个号码（或球）可以在 6 个不同的顺位取得，而第二个可以在 5 个不同的顺位取得，其他以此类推。总之，要计算出乐透号码组合的总数，我们必须将 $10\,068\,347\,520$ 除以 720。这个结果，正如本书第一篇所说，等于 $13\,983\,816$。

我们懂得计算这个总数，也就知道了怎么计算概率：一张乐透彩票只有一组号码，所以，中得乐透大奖的概率就等于 $1/13\,983\,816$，机会微乎其微。

四种基本的计数问题

在计数过程中，我们总是考虑特定的选择数目：我们总是从 n 个对象中选取 k 个。在进一步讨论之前，我们需要回答两个问题：（1）对于我们考虑的问题，需不需要考虑选取的顺序？（2）一个对象是不是可以被多次选取？

对上述两个问题，每个都有"Yes"和"No"两种回答，因而计数问题总共就有四种，我们分述如下。

第一种：有顺序，可重复选取

作为例子，我们来考虑总共有四个字母的英文"单词"。这里，我们暂且把所有可能的字母组合都看作所谓的"单词"，连 RTGH 这样的拼写组合也算。对这个问题而言，字母选取的顺序是需要考虑在内的，TOOT 和 OTTO 就不是同一个单词。此外，单词中当然可以出现重复的字母，所以重复选取是允许的，OTTO 就含有重复的字母。

对我们在这里定义的"单词"，总数的计算是简单的：对总共有 n 个字母的语言来说，由于每个字母都总是有 n 个选择，包含 k 个字母的单词，其总数就等于 n 自乘 k 次，也就是 n^k。英语总共有 26 个字母，所以四个字母的英语单词的总数等于

$$26^4 = 456\ 976。$$

我们再举一个例子：如果我们从 0，1，2，…，9 中选取 4 个数字，我们就可以将它们按顺序排成一个四位数字[①]。这当然是有顺序可重复选取的问题，而由于 $n=10$，$k=4$，所以总共有 $10^4 = 10\ 000$ 种可能。我们顺便在这里指出：这是德国 ATM 机上所有可能的密码的总数。由于几乎所有的人都在用 ATM，因此，在离你不远的地方，很可能就有人使用的密码和你的完全相同[②]。

如果在选取的不同阶段，可选取的对象总数会有所不同，相应的问题就可算是这类问题的一种变体。例如，法国餐馆的晚餐由前菜、主菜以及甜点共三道菜组成，如果前餐有 5 种选择，主菜有 7 种选择，而甜点有 3 种选择，那么，总共有多少种不同搭配的晚餐呢？答案并不难：与前面的例子相似，搭配总数是每阶段选择数的乘积，即 $5 \times 7 \times 3 = 105$。

再举一个例子：根据图 38 中宜家帕克思组装衣柜各部件可供选择的数目，我们很容易知道，它们可以组装出 $2 \times 2 \times 2 \times 4 \times 14 = 448$ 种不同的衣柜。

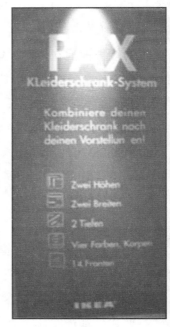

图 38 组装衣柜可选部件标签

第二种：有顺序，不可重复选取

我们来看一个典型的例子：某足球队总共有 20 个队员，要选择其中的 11 人作为首

---

① 在率先选出的是 0 的时候，比方说我们得到 0223 或 0003 时，我们可以把它们当作"广义"的四位数，也可以无视前面的 0，把它们看作是位数较少的数字。以后一种观点看，我们计数的对象就是所有四位或四位以下的非负整数。

② 什么情况下必然至少有两个人使用相同密码的问题可以用"抽屉原理"来严格证明，关于"抽屉原理"可参见本书第 62 篇。

发，总共有多少种选择方式？显然，这是从 20 个对象中选取 11 个的问题，所以 $n = 20$，$k = 11$。

在足球队中每个位置都不同，左前锋、右后卫、守门员等等都各有其职，守门员改当前锋的话，球队就不是原来的球队了。所以对这个问题来说，选取的顺序是重要的。同时，一个队员不可能同时既当前锋又踢后卫，这就是说，重复选取是不允许的。

俱乐部选取干部的问题与此相似：主席、副主席、秘书、财务，他们的位置各不相同，把某人选为主席和把他或她选为秘书是两种不同的选择结果。（通常的）俱乐部不允许一个人同时担任多个职位，因此，重复选取也是不被允许的。

对这类情形，计数问题也不复杂：第一次选择时有 n 个对象可供选取，第二次则只剩下 $n-1$ 个对象，此后依次类推。因此，从 n 个对象选择 k 个，总共就有

$$n(n-1)\cdots(n-k+1)$$

种选择方式。

对于我们的足球队问题，这意味着我们可以有

$$20 \times 19 \times \cdots \times (20-11+1) = 20 \times 19 \times \cdots \times 10 = 6\,704\,425\,728\,000$$

种选择。换句话说，教练有超过 6 万亿种排阵方式！

而对于俱乐部选干部的问题，如果俱乐部总共有 8 个人，那么，我们得到的选择方式总数为：

$$8 \times 7 \times 6 \times 5 = 1\,680,$$

即总共有 1680 种干部搭配的形式。

第三种：无顺序，不可重复选取

这绝对是最常见的情形，事实上我们前面已经有过例子：乐透彩票大奖总数的问题就是。其他的例子还有很多，我们列举几个：

- 从一副标准的 52 张扑克牌中抽取 5 张，总共有多少种不同的结果[①]？
- 在 n 个人参加的聚会上，如果每两个人都相互握手一次，总共有多少次握手？显然，这个问题中的 k 等于 2。
- 如果你有 $n = 8$ 本书还没有读，打算带 4 本出去度假，那么你总共有多少种选择？

我们已经在解决乐透彩票问题时讨论过这类问题的解答，对 n 选 k 的问题，所得的总数等于

[①] 这相当于西文"poker"所指的赌法中的一手牌，本书第一篇提到的"王牌同花顺"是这种赌法中最大的一手牌。——译注

$$\frac{n(n-1)\cdots(n-k+1)}{1\times2\times\cdots\times k}。$$

这个表达式非常常见，所以在数学中它拥有自己的符号 C_n^{k}[①]，即

$$C_n^k=\frac{n(n-1)\cdots(n-k+1)}{1\times2\times\cdots\times k},$$

它读成"n 选取 k"，称为"二项式系数"。

现在我们来计算几个数字：52 张扑克抽取 5 张，总共有

$$C_{52}^5=\frac{52\times51\times50\times49\times48}{1\times2\times3\times4\times5}=2\,598\,960$$

种可能的结果，而 20 人聚会中的握手总数则等于

$$C_{20}^2=\frac{20\times19}{1\times2}=190。$$

第四种：无顺序，可重复选取

这种类型比较罕见，但我们同样可以举出例子：假设我们要将 k 个小球放入 n 个盒子里（参考图 39）。此时，从 n 中"选取"意味着选择一个盒子来放置目前拿在手上的那个小球。我们允许重复将不同的小球放入同一个盒子，因此重复选取是允许的。而我们只关心每个盒子里小球的数目，所以小球放入盒子的顺序是无关紧要的。这个问题的解法用到很特别的技巧，但无论如何，其结果是 C_{n+k-1}^{k}。

于是，如果我们把 5 个小球放入 2 个盒子，那就有

$$C_{5+2-1}^2=C_6^2=(6\times5)/(1\times2)=15$$

种可能的方式。而如果将 6 个小球放入 10 个盒子，则放置方式的总数将达到

$$C_{10+6-1}^6=C_{15}^6=15\times14\times13\times12\times11\times10/6!=5\,005。$$

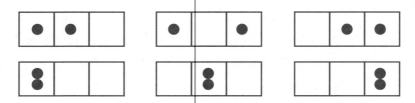

图 39 将 2 个球放入 3 个盒子，总共有 $C_{2+3-1}^2=C_4^2=6$ 种方式

最后，我们顺便指出，尽管这类问题乍看起来与严肃的学术没有什么联系，但事实上，它在基本粒子物理学里相当重要，电子在原子轨道中的排布问题就是典型的例子。

---

① C_n^k 也可以用符号 $\binom{n}{k}$ 来表示。——译注

030 自学成才
印度天才拉马努金

　　世界上有没有通向数学真理的捷径？有没有一种办法，无需以艰辛的努力和复杂的技巧进行详细的推证，就可以窥见数学的奥秘？对于极其罕见的例外，这似乎是有可能的，而这种例外中最著名的例子，当数印度数学家拉马努金（1887—1920）。在这篇短文中，我们将简略地讲述他传奇而短暂的人生。

图 40 拉马努金和哈代

　　拉马努金生长于印度南部的一个贫穷家庭，通过研究偶然得到的一些数学公式，他以自学的方式掌握了基础数学知识。在没有任何外部帮助的情况下，他独立发现了数论中很多著名的结果。其中有些早已为欧洲的数学家们所熟知，但大多数则是闻所未闻的新成果。由于没有接受过大学教育，他无法获得一个与他的能力相称的职位。然而，他一直努力坚持，将能够利用的每一分钟都用于对数学知识的探求，直到身心俱疲。

　　直到一系列机遇幸运地降临之后，拉马努金才得以进入著名的剑桥大学。他先前曾经给多个欧洲的数学家写信，其中的一个在他写满多张信纸的公式中发现了深藏其中的数学奥秘。在剑桥大学期间，他与顶级专家共事，几年间获得了极为丰富的成果。但由于过于勤奋，身体情况不佳，又无法适应外国的气候及其他各种环境，他后来因病于1919年返回印度，并在第二年去世。

拉马努金得到数学真理的方法成为永远的谜，但他的故事自有其值得大家谈论的理由。例如，我们可以思考这样的问题：由于家乡教育的落后，世上有多少拉马努金式的人物被埋没？

如果生活在今天，拉马努金会不会有更好的机会？

从一封令人困惑的印度来信中，英国数学家哈代（1877－1947）意识到写信者一定是一个天才。对于数学的发展而言，这是一件值得庆幸的事。其他多个数学家同样也收到了拉马努金的信件，但他们似乎没有对其内容进行认真的考察。

这种现象在今天依然还会出现。大学的数学教授经常会收到这样的信件或电子邮件：它们给出关于著名定理的证明，但是要么问题早已被解决，要么证明之谬误一望可知。这些所谓"新证明"讨论的主要是费马大定理、化圆为方问题以及哥德巴赫猜想[①]。毫无例外地，每一个这样的证明都包含着很初级的错误。然而，错误有时隐藏得很深，让作者相信他的证明并不正确永远是一件耗费时间和精力的事情。但如果专家谢绝对来信作出评论，他就会受到猛烈的攻击："这是你的耻辱，你没有能力领会或不愿意承认这项重要工作的伟大意义。"所以很多研究机构，例如法国科学院，规定对这类来信应该简单地置之不理。

然而，在费马大定理、化圆为方以及哥德巴赫猜想的难度水平之下，专家们有时会收到来自数学专业之外，内容却颇有意义的信件。近几十年来，世界上再没有出现过拉马努金式的人物，但未接受正规教育的人偶尔还是会做出令人惊叹的原创性工作。

最后，我们以拉马努金的一句话作为本篇的结束语："没有体现神的意志的方程，对我来说是没有意义的。"[②]

---

① 可分别参考本书第 89、33 和 49 篇。

② 这句话谈及宗教信仰，我们只据原著译出，不代表译者的立场。——译注

031 讨厌数学为哪般？
为什么这门学问不受待见？

中小学的数学课给当代大多数人都留下了相当不愉快的记忆，这已经是一个公开的秘密。小孩子们满怀热情开始他们的校园生活，他们喜欢数数和计算，迫不及待地想学会怎么数到100。但是，大约在初中阶段，他们的热情开始消退，对数学的态度出现转变，只有少数学生才会认为数学是有趣的科目。

事情会变成这种样子，其原因当然有很多。原因之一可能是：在进一步学习有趣的内容之前，学生需要掌握一堆相对枯燥的基础知识。其实，在其他需要艰苦努力的领域也是一样的：没有掌握众多的词汇和复杂的语法，就不会有《追忆似水年华》[1]；不熟悉C#小调的音阶体系，就不会有《月光奏鸣曲》。然而，这个问题对于数学似乎格外突出，学生们常常会发现自己陷入了技术困境，就像是学钢琴的学生被布置了太多的技巧性练习，却没有得到足够的创作乐曲的机会。

不经过深刻思考人们很难认识到：在基础算术之外，学习更多的数学能使自己拥有更好的解决问题的手段，使得他们能够在社会上更好地立足。讽刺与幽默类刊物《泰坦尼克》曾经刊登过一个数学与现实世界严重脱节的例子："如果一只半母鸡用一天半时间生下一个半鸡蛋，请问一只母鸡一天下几个蛋？"

由于你正在自愿地仔细阅读着这篇文字，你应该不会对数学有很大的厌恶。然而，为什么那么多年轻人对这个科目怀有极度的反感？找出其中的原因是很有意义的，欢迎读者们对如何改变这种状态提出自己的看法。

一点后记：厌烦数学的情绪在消退？

上述报纸专栏引来了大量读者的回应。由于写信的读者在一般民众中显然不具有代表性，他们的观点当然也不能用来估计整个社会的看法。然而，最经常出现的两种观点还是应该引起人们的重视：

---

① 这本书中有很多生僻的词汇和繁难的长句，而后文中的《月光奏鸣曲》是贝多芬的C#小调作品。——译注

- 数学之所以不惹人喜欢，是因为它的教学方法太过超前。证明和逻辑结构被过早引入，并且被当成重点，这让大多数学生无法理解。经常与这种看法相伴随的是，人们被数学老师挖苦的惨痛记忆。
- 从来没有人清楚地告诉我们为什么应该学好数学。很多读者指出，数学老师从来都没有把数学与日常生活联系起来。对走出校园的学生而言，数学充其量也不过是记忆中愉快的智力游戏。

我可能是太过乐观了，但我感觉对数学的积极评价有逐渐增多的趋势。我们偶尔会看到提及数学的商业广告，它不只是作为代表"费力"或"难学"的噱头，而是被当作智力的指标。知名媒体人或者政治家高谈他们数学很差的历史这种事情，也已经很久没有听到过了。事实上，很多大、中学校的教职员也都在关注着这种发展趋势。

但现在的情形是这样的：

一个私立学校在其广告里宣称，四分之三的德国人不懂简单的算术。我们可以想象，PISA 测验[①]中有可能出现图 41 那样这样的回答。

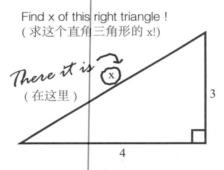

图 41 哭笑不得的答案

漫画家尤里·斯坦因在他关于 PISA 考试的书中，曾经用以下两幅漫画中的对话来调侃数学：

老师：足足有 80% 的学生都还没有听懂，这太让人绝望了。

学生：没有吧，我们全加起来也不到 80% 啊。

服务生：您的披萨饼要切成四块还是八块？

顾客：切成四块吧，我饭量不大，吃不完八块。

---

① 全称是 Program for International Student Assessment（国际学生评估项目），是一项由经济合作与发展组织（OECD）统筹的学生能力国际评估计划。主要对接近完成基础教育的 15 岁学生进行评估，测试学生们能否掌握参与社会所需要的知识与技能。——译注

032 旅行的推销员
P 与 NP 是否相等?

　　某个商业集团在德国的很多城市都设有分公司。为了向全公司推介一款新产品，集团的一位业务代理将要开车走访所有分公司的办事处。那么，他应该怎么规划他的旅行路线呢？出于成本的考虑，这位推销员的路线必须每个分公司都正好经过一次，并且必须选择总里程数最小的路线。这个寻找最优解的问题，就是数学界著名的"（旅行的）推销员问题"。这个名称暗示着它只是一个求解最短公路路线的问题，但这其实是不正确的。事实上，很多规划问题本质上和它是相同的，例如，给电路板钻孔的穿孔机在电路板上方移动的路线问题，就是推销员问题的翻版。

　　外行可能会觉得这个问题是容易解决的。毕竟，可选的路线只有有限条，我们难道不可以每条线路都计算一下总里程，再通过比较找出最短的一条？这在理论上是说得通的。然而，只要分公司数目稍多，可供选择的旅行路线总数就会极为巨大，逐一计算就将不再可能。尽管对生活中真正的推销员问题，以及大多数规划问题在现实中的应用，都存在着在可接受的时间内求出最优或接近最优解的方法，但根本性的问题依然存在：这种问题究竟有多难？它之所以困难，是因为历史上还没有一个数学家聪明到能够解决这个问题？或者是，由于其可选路线的总数随城市数目增加而出现的爆炸性增长是如此惊人，以致于这个问题从根本上就难以解决，在限定的时间段内根本就无法求解？

　　尽管真正的推销员可能毫无兴趣，但我们想告诉你，这个问题的困难是内在的，它属于一类难度相同的问题，其中包括密码系统安全性背后的那些问题。也正因此，这个问题的悬赏金额也是 100 万美元。

P=NP 问题

　　假设推销员需要走访 50 个城市，每两个城市之间的距离（不言而喻，这指的当然是自驾所需的公路里程）被列在一个表格中。由于求出最优路线的问题实在过于困难——它既要求总里程数最小，又要求每个城市只到达一次——我们将改而提出如下问题：

是否存在一条路线，它经过所有的城市，而且总里程数不超过 2000 千米？

这个问题有两点非常值得注意：

- 用检验所有可行路线的办法，是没有希望解决这个看似容易的问题的。对旅行的第一段，推销员有 50 种选择，对第二段有 49 种，如此类推，所有可能路线的总数高达

$$50 \times 49 \times \cdots \times 2 \times 1 = \ 30\ 414\ 093\ 201\ 713\ 378\ 043\ 612\ 608\ 166\ 064$$
$$768\ 844\ 377\ 641\ 568\ 960\ 512\ 000\ 000\ 000\ 000,$$

  试图分析所有这些可能的路线，连世界上最快的超级计算机也无能为力。

- 遇到有运气的情况时，我们也许可以回答这个问题。我们可以简单粗暴地挑选出看起来比较短的路线，然后计算它的总里程数，看看它是否不超过 2000 千米。如果它恰好满足条件，那我们就成功了。

换个角度讲，我们面对的是一个只能依靠极好的运气来解决的问题，没有人会指望不依赖幸运女神却能很快找到答案。这就是说，没有人相信，世界上有人可以找到一种办法，能够在可以接受的时间段内求出问题的解。令人惊讶的是，至今也没有人能够证明这个断言。专家们常讨论所谓的"P = NP"问题，其中的"P"代表着快速算法的存在[1]，而"NP"指的是，任何给出的解答都能够在可接受的时间内验证其是否正确。对于"P = NP"问题的解决，悬赏同样也高达 100 万美元[2]。

一个例子

在这个例子中，我们用计算机随机生成 20 个"城市"，然后用"模拟退火算法"[3]找出一条旅行路线，如图 42 所示。

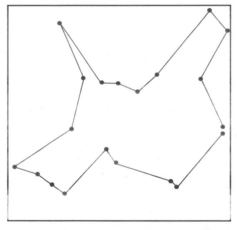

图 42 退火算法给出的推销员旅行路线

---

① 更准确地说，如果解决某个问题所需的时间是其输入规模的某个多项式函数，该问题就属于"P"的范畴。

② 关于这个问题，读者还可以参考本书第 87 篇。

③ 可参考本书第 60 篇。

033 化圆为方
尺规作图问题

数学成语"化圆为方"相当著名。在西方文化中它很早就渗透进日常语言，表达的是"解决几乎不可能的问题"。但对数学家来说，这个成语却唤起一个激动人心的故事，它在 2000 多年间让无数数学家及数学业余爱好者为之着迷。

故事开始于古希腊。在欧几里得《几何原本》打下的坚实基础上，几何学在当时的希腊已经确立。古希腊的数学家耗费很多的精力研究所谓的"尺规作图"问题，即给定一个已知的长度，只使用圆规和（没有刻度的）直尺，到底可以画出哪些其他的长度的问题。仅使用圆规和直尺的限制，在现在看来没有任何必要性。但这在古希腊人的心目中是自然的，在他们看来，直线和圆是特别完美的几何对象。

我们中很多人在中学时接触过一些尺规作图，学过用直尺和圆规作角的平分线，利用圆弧的交点画出正六边形，等等。

古希腊人提出了几个看起来更加困难的问题，其中的一个是：用尺规作图，画出与给定圆面积相等的正方形。这就是著名的"化圆为方"问题，它在 2000 年的时间里都没有被攻克。这个问题直到 1882 年才最终获得解决，而破解这个难题所用的工具，却是代数而不是几何。

几百年来，代数学家们对数的性质进行仔细的分析，在明确的意义下确定出某些数是"简单"[①]的，而另外一些则是"复杂"的。数学家们很久以前就知道，只有特定的一些"简单"的数才可以用尺规作图法画[②]出来。数学界普遍猜测说圆周率 π 是一个"复杂"的数，如果这一猜测能得到证明，那就等于得到了"化圆为方"问题的答案。很多数学家投入到这个问题的研究之中，在 1882 年，费迪南德·冯·林德曼终于给出了证明：π 是一个"复杂"的数。从此，他的名字就永远与"化圆为方"问题联系在一起。

---

① 这涉及到"代数数"与"超越数"的概念，请参看本书第 48 篇。

② 一个数 n 可以用尺规"画"出来的意思是：以任意的给定长度为 1 单位，n 单位长的直线段可以用直尺和圆规作图画出。

尺规作图

在这一小节，我们将对尺规作图做一点近距离的观察。我们所能使用的工具仅限于：白纸、圆规、（没有刻度的）直尺。数量上，我们只有已经画在白纸上的一段直线段，它是我们的长度单位。首先，我们知道画出 2——即两个长度单位——是很容易的：画出一条直线，在靠近中间的地方取一点为圆心，用给定的长度单位为半径画圆，则这个圆与直线的两个交点之间的长度就等于 2。显而易见，画出 3、4、5 等自然数都很简单。其次，如果我们已经得到两个长度，那么，在直线上画出它们的和也显然是轻而易举的事情。同样，给定长度之差也很容易。

接下来我们要利用"相似三角形"的性质。考虑以图 43 中的图形：两条相交直线与两条平行直线相交，构成两个相似三角形。根据相似形的性质，我们有

$$\frac{x+y}{1} = \frac{b+a}{b},$$

由此可以推出：

$$\frac{y}{x} = \frac{b}{a}。$$

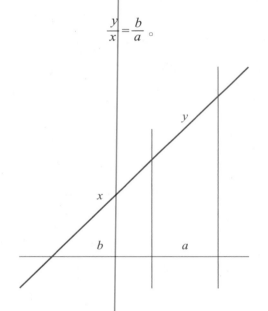

图 43 借助相似三角形做除法

假定 $y=1$，而 a 和 b 是已知长度，那么 x 的长度就等于 b/a。这就是说，对两个给定的长度，用尺规作图可以画出它们的比例。换句话说，尺规作图可以做除法。如果让 b 和 y 为已知长度，而 a 的长度为 1，那么我们就得到 $x=by$，可见乘法也可以由尺规作图来完成。

总结起来，我们得到一个结论：给定两个长度，则它们之间加、减、乘、除的运算结果都可以用直尺和圆规画出来。

我们事实上还可以做到更多：有些根式也可以用尺规画出来！考虑图 44 中的直角三角形，在其中，$h^2 = pq$ 是广为人知的事实。

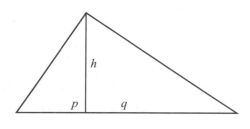

图 44 这个直角三角形中，$h^2 = pq$

因此，如果 p 和 q 已经给定，那么我们可以用直尺和圆规，画出斜边等于 $p + q$，而高等于 h 的直角三角形，如图 45。

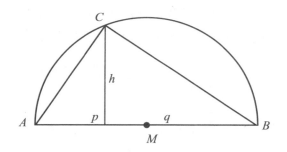

图 45 用相似三角形作出平方根

具体的做法是这样的：作出长度等于 $p + q$ 的线段 AB，在 p 处作出线段的垂线。画出 AB 的中心点 M，以 M 为圆心，MA 为半径画圆，交垂直线于 C 点。那么，初等几何告诉我们，$\triangle ABC$ 是直角三角形。由于图中两个较小的直角三角形是相似的，我们得到 $h/q = p/h$，因此 $h^2 = pq$。于是，如果我们取 $p = 1$，则 $h = \sqrt{q}$。这样，我们就画出了 q 的平方根。

至此，我们可以用尺规作图法完成加、减、乘、除以及开平方。因此，虽然过程也许会很复杂，但事实上所有这五种运算的组合都可以用尺规作图法来完成。比方说，我们可以画出

$$\frac{\sqrt{3 - \sqrt{2}}}{5} + 6。$$

由于四次方根是开平方再开平方，因此，给定数的四次方根也可以用尺规作图法画出。同理，八次方根、十六次方根等等也一样可以。那么，我们好像已经可以画非常非常复杂的数了，为什么 π 会画不出来？难道它不能是整数的一系列加、减、乘、除以及开平方的结果？没错，这正是林德曼的结果！他证明：π 不可能是整数间有限次加、减、乘、除以及开方运算的结果。所有可以用尺规作图的数字，都比 π 远为"简单"。

只用直尺和圆规

"只用直尺和圆规"蕴含着这样的限制：直尺上是没有刻度 ① 的。如果我们允许直尺上有刻度，那么情况将会发生翻天覆地的变化。为了说明这其中的区别，我们来看看如何用刻度尺来完成任意给定角的三等分。请注意，在严格的"尺规作图"限制之下，"三等分角"是不可能完成的。

图 46 中，考虑给定 $\angle CBA$。与通常的记号一样，我们用三个点表示一个角，中间那个点为角的顶点。

我们将三等分 $\angle CBA$。换句话说，我们要把 $\angle CBA$ 分成相等的三个角。假设，我们的直尺上有两个刻度标记：P 和 Q。首先，我们在线段 BA 上以 B 为起点量出长度 PQ，记其终点为 O。以 O 为圆心，PQ 为半径画圆——它当然通过 B。从 O 点出发，作与 BC 平行的线段 OD。

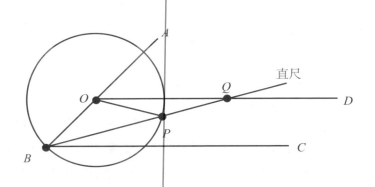

图 46 用刻度尺作三等分角

现在，直尺上的 P、Q 两个刻度点要派上用场了！我们调整直尺的位置，使得它通过 B 点，而且与圆的交点恰好位于刻度点 P，而与线段 OD 的交点则恰好是刻度点 Q，如图 46 所示。

---

① 在谈及"尺规作图"时，"刻度"指的是直尺上两个确定的标记。

我们实际上已经实现了∠CBA的三等分，因为，∠POQ的大小正好是∠CBA的1/3！

为了证明方便，我们给∠POQ以一个简单的记号，把它记为α。首先，由于OP与PQ都等于圆半径，△OPQ是等腰三角形，因而∠PQO等于∠POQ。

其次，△OPQ的内角和等于180°，而外角∠OPB与内角∠OPQ之和也等于180°。所以，外角∠OPB等于∠POQ与∠PQO的和，其大小恰为2α。

△BPO以圆半径为它的两边，所以也是等腰三角形，因此∠OBP与∠OPB相等，大小也是2α。

现在，我们注意到，∠QBC是∠PQO的内错角，所以它们大小相等。这就是说，∠QBC的大小等于α。我们已经得到，∠OBP大小是2α，因此∠CBA的大小等于3α——换句话说，我们作出的∠POQ，恰好等于∠CBA的1/3！

化球为方？

我们已经知道，按尺规作图的规矩，"化圆为方"是不可能的。而在日常的语境中，棘手的问题经常被与化圆为方相提并论。在2005年，德国组成联合政府的谈判进行得极为艰难。由于很长时间都没有谈成，默克尔曾对媒体说，谈判甚至要难于化圆为方，大概只有化球为方才可以相比拟。我们认为，默克尔所提及的后一个数学问题指的是：做出一个正方体，使得其体积等于给定球体的体积。由于半径为 r 的球体体积等于 $\frac{4}{3}\pi r^3$，而边长为 l 的正方体的体积为 l^3，因此，

$$\frac{4}{3}\pi r^3 = l^3,$$

$$l = \sqrt[3]{\frac{4}{3}\pi r^3} = \sqrt[3]{\frac{4}{3}\pi} \cdot r。$$

换句话说，"化球为方"需要作出 $\sqrt[3]{\frac{4}{3}\pi}$。如果这可以做到，那么我们就可以画出 π，而"化圆为方"也就没有问题了。

然而，翻过来说就不正确，因为尺规作图无法画出任意给定数的开立方。即便 π 可以用尺规画出，化球为方也还是不可能完成的任务。

从这个角度看，默克尔的话是有道理的，"化球为方"确实比"化圆为方"难度更大。虽然有人可以反驳说：同样都是不可能，比较其难度根本是无稽之谈。

034 向无穷迈进
数学归纳法

我们怎么样才能够把握无穷呢？例如，我们怎么才能够证明，对任何正整数 n，前 n 个正整数的和总是等于 $\frac{1}{2}n(n+1)$？我们从验算开始做起，先对几个 n 进行验算，看看这个公式会不会正确。对 n 等于 4，1+2+3+4=10，而 $\frac{1}{2} \times 4 \times (4+1)$ 同样也等于 10。我们还可以验算其他的 n，但即便我们验算过很多很多 n，我们又怎么能够保证，这个公式对所有的 n 总是正确的呢？对一万位长的 n 它会正确吗？对用一年中生产出来的所有墨水才能写出来的无比巨大的 n，公式还会正确吗？

要回答这个问题，靠验算显然是不可行的。就算我们用全世界的计算机连网计算，也无法算到大小达到 20 位数字的 n。

那么，我们到底该怎么办？对这个公式及其他类似的断言，数学家们采用一种称为"数学归纳法"的做法来给予证明。这个做法分为两个步骤：第一步，我们必须用最小的 n 值，对公式进行验证，确认公式在这种情形下是正确的。对上述公式，这一步的验证很容易：对 $n=1$，前 n 个正整数的部分和等于 1，而 $\frac{1}{2} \times 1 \times (1+1)$ 也等于 1。其次，我们必须证明：假如公式对某个 n 值（比方说是 k）是正确的，那么它对下一个 n 值（即 $k+1$）也必然是正确的。

我们可以这样来理解这种证明方法的正确性，以上述公式为例：我们首先验证了公式当 $n=1$ 时是正确的，根据第二步证明的结论，我们知道公式当 $n=2$ 时也是正确的。再由于公式当 $n=2$ 时是正确的，根据第二步证明，公式当 $n=3$ 时也会成立……由于这个推理过程可以无限制地继续下去，因此公式对任何 n 都是正确的。

数学归纳法最大的好处在于：不长的证明就可以确立无穷多个断言的正确性。对于有无穷多种情形需要证明的数学问题，数学归纳法几乎总是关键的解决工具。

缺少的归纳步骤

现在我们以上述公式为例，来演示一下归纳法的第二个步骤，那所谓的"归纳步骤"。

我们先假定公式对正整数 n 成立，即连续和 $1+2+\cdots+n$ 的结果，等于 $\frac{1}{2}n(n+1)$。这个假设通常称为"归纳假设"。

在归纳假设的前提下，我们要证明把 n 替换成 $n+1$ 时，公式也同样成立。考察此时的和 $1+2+\cdots+n+(n+1)$，应用归纳假设，它等于 $\frac{1}{2}n(n+1)+(n+1)$，合并起来就等于 $\frac{1}{2}(n+2)(n+1)$。而用 $n+1$ 替代公式中的 n，我们得到 $\frac{1}{2}(n+1)[(n+1)+1]$，恰好与 $\frac{1}{2}(n+2)(n+1)$ 完全相等。

这样，我们就证明了：如果公式对 n 成立，那么它对 $n+1$ 也成立，并因此完成了用数学归纳法证明这个公式的全过程。

公式从何而来？

要证明对无穷多个自然数都成立的断言，归纳法是所谓"常规"的做法。但在我们着手证明断言之前，我们必须先有一个断言可供证明！那么，这个断言又从何而来呢？

这是数学的创造性部分。它依赖于直觉、经验、偶然，还经常需要问题巧妙的视觉化表示。就以我们前面讨论的公式为例，我们来看看怎么得到

$$1+2+\cdots+n = \frac{1}{2}n(n+1)$$

这个断言。

我们已经证明了这个公式，所以它的正确性没有问题。我们这里要讨论的，是获得供我们证明的这个公式的途径。下面，我们将给出两种可能的做法。

第一种可能如图 47 所示，把问题想象成面积的和。

图中左下角是一个单位正方形，它的上方是两个单位正方形，再上面是三个……如此继续，直到最上面的 n 个。这个形状看起来有些像半个国际象棋的棋盘，只不过多出了图中虚线下方的阶梯形部分。很简单，半个"棋盘"的面积是 $\frac{1}{2}n\cdot n$。而那个阶梯部分是 n 个相

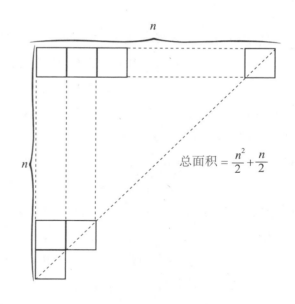

图 47 视觉化 $1+2+\cdots+n = \frac{1}{2}n(n+1)$ 的办法之一

总面积 $= \frac{n^2}{2}+\frac{n}{2}$

同的、直角边为 1 的等边直角三角形，它们的面积和等于 $\frac{1}{2}n$。因此，整个图形的面积就等于 $\frac{1}{2}n\cdot n+\frac{1}{2}n$，也就是 $\frac{1}{2}n(n+1)$。

另外一种办法是：我们可以像本书第 25 篇中的小学生高斯那样做，即把 $1+2+\cdots+n$ 的两头依次配对，写成 $(1+n)+[2+(n-1)]+\cdots$。于是，每一对的和都等于 $(n+1)$。当 n 为偶数时，这种配对的个数是 $\frac{1}{2}n$，所以 $1+2+\cdots+n$ 就等于 $\frac{1}{2}(n+1)n$。而当 n 是奇数时，配对的结果是有 $\frac{1}{2}(n-1)$ 对，再加上正中间剩下的 $\frac{1}{2}(n+1)$ 这个数。因此，此时的总和等于 $\frac{1}{2}(n+1)(n-1)+\frac{1}{2}(n+1)$，结果同样也是 $\frac{1}{2}(n+1)n$。

总之，无论 n 是偶数还是奇数，和式 $1+2+\cdots+n$ 的结果都等于 $\frac{1}{2}(n+1)n$。就这样，我们就把公式推导出来了。

另一个用归纳法证明的例子

作为归纳法能够证明定理的另一个例子，我们考虑如下断言：" n 个对象可以被排列成 $1\times2\times\cdots\times n$ 种不同的形式"。说得更明白些，对 $n=1$，即对象只有一个的情形，排列方式只有一种。而对 $n=2$，$1\times2=2$，即 2 个对象可以共有两种可能的排列方式，其他依此类推。我们说过，$1\times\times\cdots\times n$ 可以简略地记为 $n!$。这个记号，标准的读法是" n（的）阶乘"。

对小的 n，上述断言是不难验证的。例如，对 $n=3$，a、b、c 三个对象，总共有 abc、acb、bac、bca、cab 和 cba 这 6 种排列方式，而毫无疑问，$3!=6$。

而"严格"的数学归纳法证明是这样的：第一步，考察 $n=1$ 的情形。毋庸赘言，此时断言是正确的。第二步，我们先做出归纳假设：假设 n 是给定的任何一个正整数，对这个给定的 n，假设" n 个对象可能的排列方式总共有 $n!$ 种"这个断言是正确的。接下来我们要证明，对 $n+1$ 个对象的情形，断言也一样成立。

现在，我们继续进行我们的证明。想象前 n 个对象是 n 个白色围棋子，而最后一个则是黑色的围棋子。要对所有这 $n+1$ 个围棋子进行排列，我们可以这样做：选择一种 n 个白色围棋子的排列，再把黑色围棋子放入其中。这个黑色棋子可以放在白色棋子排列之前，也可以任何两个白棋子之间，还可以放在排列的最后。这就是说，黑棋子总共有 $n+1$ 种可能的摆放位置。换句话说，对应于一种 n 个棋子的排列方式，$n+1$ 个棋子总共会有 $n+1$ 种可能的排列方式。根据归纳假设，n 个棋子的排列方式总共有 $n!$ 种；所以 $n+1$ 个棋子的排列方式总数为 $(n+1)n!$，正好就是断言中 $n+1$ 个对象排列方式的总数：$(n+1)!$。

035 CD 播放器与数学
编码与样本理论

在普通家庭里可以看到的所有电器中，CD 播放器绝对是数学含量最高的装备，它在两个方面非常重要。首先，原始的连续信号，例如柏林爱乐乐团演出的录音，被进行数字化处理，转换成一个由 0 和 1 组成的有限集合。它每秒钟的信号被采样大约 44 000 次——关于信号处理的定理告诉我们，这种水平的采样，已经捕捉到人类耳朵能听出来的所有细节。

图 48 CD 唱片

无论是制作 CD 的过程，还是播放 CD 的过程，错误的产生都是不可避免的：也许 CD 上有一块污渍，也许它被猫挠出了一道印子。想象一下：如果在传输几兆的数据时，仅仅一个数位出现错误，就导致整个文件数据的丢失，那是多么巨大的问题！因此，CD 播放器需要能够"容忍"小的错误，这就需要用到更进一步的数学结果。

如果我们希望 CD 播放器的效果都很完美，那么设备和碟片都将昂贵到难以承受。但是问题可以在另一种意义上得到解决，其奥妙就是"编码理论"[①]——我们应该怎样传送数字化信息，才能使接收者总能读出正确的信息，即便传输中出现一些错误也不例外？

如果你想发送十个字母长的摩尔斯电码，但信号可能因编码错误或天气干扰而变形。那么，你需要怎么做，才能够保证你原始的十字信息能够被完整地送达呢？第一个出现在我们脑海里的想法很可能是：发送者重复不断地发送，接收者则将重复频率最高的信息当作正确信息。对 CD 播放器而言，这种办法将会增加太多太多的工作。为了更有效地解决问题，人们发明了一种技术，使得在实际传输的"强健"[②]版信号中，信号长度并没

---

① 本书第 98 篇对编码理论有更多的讨论。

② 德语原文"robuste"，通常音译为"鲁棒"，直译"强壮""健壮"，这里是"抗干扰能力强"的意思。——译注

有显著的增加。

同时，传输模式已经变得对错误不敏感，即便出现相当程度的干扰，重现的声音质量也不受影响。例如，甚至划痕严重的 CD 也可以播放，并且声音听起来也没有什么瑕疵。很可惜，黑胶唱片没有相应的技术，它上面的一粒灰尘都会被听出来。

采样理论

对音乐或其他声音信号的原始资源，为了使它们能够进入我们家里的音响系统，我们需要完成几个步骤。首先，声音需要数字化，也就是转换成很长很长的，由 0 和 1 组成的序列。这个过程把信号从模拟的或说是连续的，转换成数字化的，或者说是离散的形式。这是决定性的一步，因为只有数字化的材料，才不会在复制和处理过程中出现品质的降低。

数字化之所以可能，是因为我们人类听觉的不完美。如果我们可以听到任意高频的"声波"，那就不可能有 CD 存在。但事实上，我们听不见超过 20 千赫的超声波，所以声音的数字化才得以成功实现。数字化过程分为两步：

- 信号首先经过滤波器，信号中人类听不到的高频率部分被滤去。对我们的耳朵来说，所得到的结果与原来的信号没有区别。
- 接着，我们利用这样一个事实：只要每秒采样的次数足够，限定频率范围内的信号就可以被数字化，并可以根据后者精确地重建。

上述第二点所陈述的事实就是"采样定理"，其准确的描述是这样的：

如果一个信号由若干频率组成，其最高频率为 f。那么，只要采样时间间隔不大于 $\frac{1}{2}f$，信号就可以（根据采样结果不失真地）重建。

例如，如果信号中最高的频率是 10 千赫，那么，采样间隔必须不大于 $\frac{1}{20\,000}$ 秒。这就是说，每秒采样次数要达到 20 000 次。

这么说好像有些抽象，但这个定理可以用另一个领域的例子来说明。假设你有一个录像机，它每秒录像的帧数可以设置。你家小孩正坐在秋千上，而你正在给她录像。在正常的帧数设置下，录像会真实地重现小孩荡秋千的场景。但如果你把每秒录像的帧数设置得太低，场景就会被大大地歪曲：在录像中秋千只移动了一点点，而事实上录像机错过了秋千一个完整的来回。采样定理可以被比作录像机的使用说明：对秋千如此这般的往返频率，录像机的每秒帧数必须达到如彼那般，否则就无法真实地录下荡秋千的场景。

036 行将灭绝的对数
对数的妙用

虽然可能是恐怖的记忆，但年纪稍大的读者可能还记得，自己上学的时候学过对数。这回，我们要给对数发布一张讣告。事实上，对数仍然是数学的一个重要部分，但在工程与技术的世界里，它正面临着绝迹的危险。

要理解对数的用途，我们需要对它做些回顾。首先我们必须知道数学中指数的记号：如果 a 和 n 都是正整数，那么 a^n 的意思就是 n 个 a 相乘的结果。例如，3^4 表示 $3 \times 3 \times 3 \times 3$，也就是 81。相似地，$10^6$ 等于 100 万。如果一个数自乘 n 次，接着又乘 m 次，那么相乘的数总共就有 $n+m$ 个。这告诉我们：$a^{n+m} = a^n a^m$。用任何其他数作指数，规律也不会改变，例如，a 的平方根就可以写成 $a^{1/2}$。

现在对数可以登场了。为简单起见，我们下面只考虑以 10 为底数的对数，即所谓的"常用对数"。对一个数 b，它的对数是这样一个数 m，它满足等式 $10^m = b$。从前面的例子我们马上可以知道，100 万的对数等于 6，而 1 000 的对数等于 3。很重要的一点是，如果随便什么数都可以用作指数，那么任何正数都有相应的对数。

关于对数，最关键的一点是：根据我们上面所说的指数定律，两个数之积的对数，就等于这两个数的对数之和。这个性质，让我们把乘法运算转变成加法运算。如果我们要计算 bc，我们可以从对数表中查出 b 和 c 的对数，把它们加起来，然后再找出以这个和为对数的那个数——它就是 b 和 c 的乘积。

在计算机还没有普及的过去，乘法经常就是这样来完成的，对数就是计算界的劳模。对于必须用纸笔进行手工算术运算的人来说，由于加法远比乘法容易，把乘法运算转换成加法大大减轻了他们的负担。在我们生活的其他方面也有类似的情况：有时问题必须转换表达方式才可以方便地解决。

现在我们要再贴一张讣告，这回为一种工具。它必然消失，无可挽回。没错，这种工具与对数相关，它就是计算尺！计算尺是对数运算最方便的机械化工具（如图 49），它们真的灭绝了，现在只有在技术博物馆里才能看到。

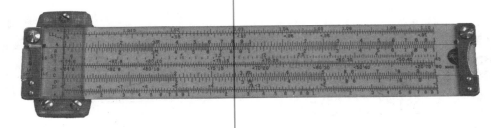

图 49 计算尺

典型的计算

在讣告之后，我们还是想要做一次简单的计算。在每个人手头都有计算器之前，计算就是这样的。

假设我们要计算 3.45×7.61。我们不知道答案，所以暂时把它记为 x：

$$x = 3.45 \times 7.61。$$

按照指数定律，x 的对数等于 3.45 的对数与 7.61 的对数之和。就像我们读书的时候一样，我们还是使用以 10 为底的对数。我们查对数表，知道 3.45 的对数为 0.537 82，而 7.61 的对数等于 0.881 38。于是，x 的对数等于它们的和，即

$$0.537\ 82 + 0.881\ 38 = 1.419\ 20。$$

根据对数的定义，x 等于 10 的 1.419 20 次方，

$$10^{1.419\ 20} = 26.254\ 27。$$

这个结果也是从对数表上查出来的，做法是逆向查找：在对数表中寻找对数等于 1.41920 时的真数。

事实上，

$$3.45 \times 7.61 = 26.2545，$$

因此，用对数表计算得到的只是近似结果，但精确度相当不错。而且，用对数进行运算，我们就不再需要做任何乘法，只要做加法就足够了。

037 数学界的大奖
阿贝尔奖与菲尔兹奖

什么？你从来没听说过关于数学的大奖？好吧，这不算奇怪。首先，数学大奖的钱一般都不多，而即便奖金不少，由于向公众解释数学成果之艰难，媒体也会懒得报道。

图 50　最著名的数学大奖，菲尔兹奖的奖章

在这篇短文里，我们将对最重要的数学大奖做一个概括性介绍。每一位希望在数学史上永远留名的数学家，都必须在相对年轻的时候，最好在 30 岁之前，做出相当重要的成果。这样，他或她就很有可能获得菲尔兹奖。菲尔兹奖每四年一次，在国际数学大会上颁发。这个奖的奖金数额只有大约 2 万美元，它不会让人发财。但是，获得菲尔兹奖意味着一辈子不用再为生计发愁，因为获奖者肯定会得到最好的教授职位，并且将收到大量付费讲座的邀请。人们通常把菲尔兹奖称作"数学的诺贝尔奖"，但它其实有严格的年龄限制——获奖年龄不得超过 40 岁。正因此，尽管安德鲁·怀尔斯对费马大定理的证明很可能是数学方面几十年间最惊世骇俗的成果，他却没有获得（真正的）菲尔兹奖，原因就在于他当时已经 45 岁。

不过，奖金很高的数学奖也是有的。例如，从 2000 年开始，克莱数学研究所就以每个问题 100 万美元的高额，对七个数学难题向全世界悬赏征求解答。然而，尽管很多全球最好的数学家都在努力，这些问题仍然全部[①]都悬而未决。

在 2003 年，一项奖金与诺贝尔奖相近的数学大奖终于诞生，这个名为"阿贝尔奖"的数学奖由挪威的一位富商赞助。也许将来有一天，它会被并入诺贝尔奖，并且每年在瑞典颁奖。阿贝尔奖的第一位获奖者是法国数学家让·皮埃尔·塞尔。但是，颁奖委员会费尽口舌也没有办法让听众明白：塞尔的贡献究竟有什么重要意义，为什么值得 60 万欧元的高额奖金。也许这是因为，科学的分支越来越多，专业之间的距离越来越大——你还记不记得，去年获得诺贝尔化学奖的是什么成果？

靠数学致富：业余爱好者有机会吗？

有许多数学难题，很多世界一流的数学家为它们耗费多年的心血，绞尽脑汁却终无所获。本书的第 18、32、49 以及 57 篇，就介绍了其中的一些问题。

其中某些问题悬赏的金额很高，解决者在获得 100 万美元奖赏的同时，姓名也将永垂青史。那么，这样的好事，数学业余爱好者会不会有机会呢？数学史上，曾经有不少业余数学爱好者做出过相当有意义的成果，有的成果甚至非常突出。本书第 50 和第 59 篇介绍的贝叶斯和布丰，就属于业余爱好者的范围。而严格地说，费马是一位律师，也不算是职业数学家。

然而，对难度极高的数学问题，业余爱好者攻克它们的机会微乎其微。研究这些问题的起点实在太高，并且看似有希望的所有方法也都早已被尝试过了。

在大多数其他研究领域中，人们也不能期望，在活跃于该领域的顶级专家之外，会有人取得最杰出的成果。打个比方，只是偶尔在周末打打网球的业余爱好者，绝对没有机会捧走温布尔登的大满贯奖杯。而齐格弗里德[②]这个角色，没有多年专业训练的男高音，也不可能在拜罗伊特节日歌剧院登台表演。

---

① 这句话已经需要修正了，七个问题中的庞加莱猜想已经解决，参见本书第 93 篇。——译注
② 《齐格弗里德》是瓦格纳创作的著名歌剧，同名主角由男高音扮演。该剧于 1876 年 8 月 16 日在拜罗伊特节日歌剧院首演，这个歌剧院专门演出瓦格纳作品，在那里登台扮演齐格弗里德是一种极高的荣誉。——译注

038 公理的由来

公理系统漫话

　　三到六岁的小孩经常烦扰他们的父母，向他们提出很天真的问题，比如"妈妈，汽车为什么会跑啊？"但即便是专家，在说完"发动机""燃烧"和"化学反应"等术语之后，也很快就没有办法再继续解释，只能说"它就是那样的啊"，然后结束对话。

　　其实数学也是这样的。人们可以不断递进地提出问题，但到某个时刻，讨论不会再有结果，大家只好同意"它就是那样的"。在数学中，这些"就是那样"的东西就是公理。

　　第一个公理系统可以追溯到 2000 多年以前，它由欧几里得在公元前 3 世纪提出。在他的《几何原本》中，欧几里得给出了几何学的一种公理基础。首先是"点"和"直线"等基本概念，接着是关于这些概念的基本性质，比如："通过每两个点都可以唯一地画出一条直线"，如此等等。

图 51　雅典学院（拉斐尔，1510）

现在，几乎所有的数学领域都已经公理化了。关于数，关于向量，关于概率……所有类别的对象都有关于它们的公理。

在公理系统建立起来之后，所有人都可以去探索可能的结果。相对于关于基础无休无止的争论，大多数数学家对探索研究更感兴趣。

但是，有一件事仍然很神秘。以几条新公理为基础，发展出一套理论，就得到一个美妙地描述现象世界的数学模型（例如几何学），这种事情到底为什么竟然可以发生？公理化方法的巨大成功，促使思想家们尝试在其他研究

图 52 《雅典学院》中的欧几里得形象

领域建立它们的公理系统。正因此，《自然哲学的数学原理》是牛顿关于力学的杰作，但其中很长的篇幅都像是数学教科书。

如果我们用"游戏规则"来替代"公理"，我们就获得了一种很有用的类比。比方说，国际象棋的规则就是固定的，棋手们不用再费心去探寻新的游戏规则。相反，他们努力于提高棋艺，比如某种局面下怎么做才能够将死对方。同样地，数学家们所做的就是，在给定的公理系统之下，特定的问题怎样才能够得到解决。

希尔伯特计划

尽管第一套公理系统在 2000 多年前就已经出现，数学公理化获得重大进展，距今只不过大约 100 年的时间。建议将数学的基础建立在牢固的公理系统基础上的，是伟大的数学家大卫·希尔伯特（1862—1943）。按照其基本思路，这样做将可以达到两个目标：首先，应用数学归纳法，人们将可以从公理系统开始，程序化地推导出数学定理；其次，人们也将能够程序化地证明数学断言的正误。比方说，提出"有没有一个自然数，它的平方是 25？"这一个问题，我们（通过程序化的过程）将得到"是"这个答案；而对于"方程 $x = x + 1$ 有没有解"这个问题，则能够肯定地给出"没有"的回答。

希尔伯特这项宏伟的计划后来以失败告终。逻辑学家库尔特·哥德尔（1906—1978）证明了一组"不完备定理"，这些定理告诉我们：在任何一个公理系统中，都至少存在一个断言以及它的否定，我们无法确定它们是否可以同时从公理系统推导出来。哥德尔还证明：任何公理系统中都存在至少一个断言，它虽然是正确的，但却无法根据公理系统来证明。

公理是数学的"法律"

　　除了可以用游戏规则来做类比，数学公理在法律领域也可以找到它的相似物。在法律确立之后，人们可以确定，做某些事情是不会受到惩罚的。对律师来说，与这种行为是否受到法律的制裁相比，道德审判是次要的。相似地，数学中有些论断也很难根据公理作出判定。也许某些人不肯接受的行为是法律所允许的，此时我们可以修订甚至重写法律。数学也一样，公理系统也是可以修改的。

　　与国际象棋不同，法律中有显著的道德成分，数学在这一点上也很相似。数学发现可以被用来造福于人类，也可以用于邪恶的目的。例如，一个最优化定理可以被用于生产更好的化肥，也可以用于生化武器的制造。

039 计算机证明
四色定理及其他

今天我们要讨论一个处于哲学边缘的问题，一个在技术日益高速发展的时代，数学必须面对的问题：究竟在什么条件下，才可以说一个数学断言已经被彻底证明？

在过去的 2000 年间，在基本原理已经确立的学科中，人们关于"严格证明"的含义曾经达成过共识：说一个断言得到证明，那么我们必须从基本原理出发，以正确的演绎将它推导出来。欧几里得几何学就是这样建立起来的，其他很多学科也陆续循着《几何原本》的路线发展。此后经过很长的时间，所有的数学分支才都得以建立在牢固的公理基础之上。在 19 世纪中期，数学的基础是相当稳固的。什么是正确的，什么是被证明了的，这些都依赖于数学界的共识，也就是有幸为专家所接受的东西。

但在 20 世纪 70 年代，随着"四色定理"①的证明，这些标准受到了挑战。在数学的历史上，计算机第一次扮演了关键的角色。证明中人类穷尽一生也无法"手工"完成的那些重要的计算，都是由电子计算机来完成的。

问题很严重：这样的证明算是有效的证明吗？数学界因此分裂成两个阵营，而多数数学家更希望能避免对计算机的使用。当一个定理依靠计算机的帮助而得到证明时，很多数学家都会努力寻找它的"经典"证明。这种努力有时会取得成果，但很多时候，人们能依靠的只有电子洪流。

这个问题还有另外一个方面。现在的计算机已经可以用预先编好的程序，证明出它们自己的、尽管仍然简单的定理。计算机的国际象棋程序一开始是很原始的，但后来可以轻而易举地击败普通专业棋手，现在则连世界冠军也不是它的对手②。我们会好奇，计算机证明会不会像计算机国际象棋那样持续进步？如果这种事情真的发生的话，数学将再次面临问题。

---

① 这是关于地图着色的问题，参见本书第 99 篇。

② 由于算法的突破，其计算远比国际象棋复杂的围棋，计算机也已经可以轻易地击败人类棋手。——译注

显然……

　　"这样的证明是不是有效的证明"这个问题的答案，依赖于它在什么情形下被问起，同时也依赖于参与讨论者的知识基础。举个例子说，如果这是一个关于自然数的问题，那么证明通常采用的方法是数学归纳法[①]。只有用这种方法，有限的步骤才能够证明关于无穷的问题。

　　对经常使用这种证明方式的数学家来说，写出归纳法证明的标准步骤是不必要的。因此我们经常会看到类似于"根据归纳法，我们得到……"的证明，甚至连"归纳法"三字都可能省略不提。

　　对于不熟悉数学的人来说，这样的证明很恐怖。他们开始研读时期望的是完整的证明，但专家们却不肯写出所有的细节。久而久之，数学家们对证明中枝节的省略会变得习以为常。对有疑问的问题而言，完整的细节是很有必要的。问题在于：读者早已掌握的技术和技巧，是否应该在科技文章中占据大量的篇幅。

计算机会有数学创造力吗？

　　在能够写下证明之前，我们需要明确我们要证明的究竟是什么。例如，如果哪位不知道直径的圆周角等于 $90°$ [②] 的话，那他大概也不会想到为这个事实提供证明。

　　数学家有一个共识：在很多时候，数学中的创造性结果比它的证明更重要。要证明的断言从何而来，比找到断言的证明方法，经常是更关键的步骤。

　　作为例子，我们来考察 $1+2+\cdots+n$ 总是等于 $\frac{1}{2}n(n+1)$ 的陈述[③]。数十年以前计算机就可以对它做出严格的证明，但计算机是否能够自己发现这个公式，却至今仍有疑问。而人类则不同，我们可以画出类似于半个棋盘的图形[④]，借以发现正确的公式。另一方面，计算机只能"看到"它所拥有的程序，因而数学家们相信，计算机不会从他们的工作中抢走这个有趣的部分。

---

①　参见本书第 34 篇。

②　例如本书第 33 篇中图 45 中的角 C，定理的证明可参见本书第 47 篇。

③　参见本书第 34 篇。

④　参见本书 34 篇中图 47。

040 乐透中的小奖
中小奖的概率计算

当数学家被问到乐透中奖的可能性时，发问者通常想知道的是中得乐透大奖的概率。我们在本书的第一篇就已经讨论过这个问题，知道这个概率只是可怜的 1/13 983 816。每周买一张乐透彩票的人，平均需要大约 27 万年才会选中大奖的号码组合。对希望在 70 年之内中大奖，并因此每周购买彩票的人来说，他每周大约需要购买 4 000 张彩票。

大多数人会满足于中个小奖，所以我们应该考察一下乐透小奖的概率。在一张乐透彩票上，我们从 1 到 49 中选取六个号码，只有六个号码全部正确的彩票才能获得大奖。但是，只要五个、四个甚至三个号码正确，就可以获得一份小奖。三个号码正确的概率并不算小，它大约等于 0.018，也就是 1.8%。如果一整年连一个三个号码的小奖都没有中过，那可以算是运气很差的。因为我们可以计算出，52 周中至少有一次选对三个号码的概率高达 61%。

选对四个号码当然要困难得多，大约 1 000 张彩票中才会有一张能够选中。而选对五个号码的概率更低，只有大约十万分之二。当然，小奖的中奖号码中通常还包括幸运号码，那是大奖号码之外那 43 个数字中的一个[①]。天真的人会觉得，幸运号码将大大增加中奖的概率，但数学事实会让人清醒。选对五个号码外加幸运号码的概率，只比中乐透大奖的概率高六倍。与选对四个号码相比，选对三个号码外加幸运号码的概率增加更小，二者的概率比只有 1.33。

无论如何，购买彩票所得到的，通常都只是几天里的一个发财梦。但我们应该知道一点：乐透彩票的所有收入全部被用于公益项目。

乐透小奖的计算

运用本书第 29 篇的知识，我们就不仅仅是能够计算乐透大奖的概率。我们一起回顾一下：从 n 元集合中选择 k 个元素，总共有 C_n^k 种可能的选法，其中的 C_n^k 读作"n 选 k"。因此，乐透大奖总共有 $C_{49}^6 = 13\ 983\ 816$ 种可能的号码组合。

[①] 德国的乐透事实上每期发布七个号码，即六个乐透号码外加一个"幸运号码"。德国 16 个行政区各自发行彩票，很多地区的小奖中奖号码包括幸运号码。

现在，我们来计算一下六个号码恰好有三个正确的概率。显然，问题的关键是：从49个号码中选取六个，（与给定的乐透号码对照，）恰好三个正确、三个错误的选择总共有多少种？我们需要做的是：从六个中奖号码中选取三个，并从剩下的43个号码中也选取三个。由于前者总共有 $C_6^3 = 20$ 种选择，而后者则有 $C_{43}^3 = 12\ 341$ 种选择，因此，总共有

$$C_6^3 C_{43}^3 = 12\ 341 \times 20 = 246\ 820$$

种号码组合，这些组合恰好既选中三个号码，也选错三个号码。如前所说，乐透大奖的号码组合总共有 13 983 816 种，因此选中三个号码的小奖的概率为

$$\frac{246\ 820}{13\ 983\ 816} = 0.0176466\cdots,$$

即略低于 1.8%。

那么，一个号码都没选中的概率有多少呢？要计算这个概率，我们只需要计算从43个错误的号码中选取六个的选法总数。所以，所求的概率为

$$\frac{C_{43}^6}{C_{49}^6} = \frac{6\ 096\ 454}{13\ 983\ 816} = 0.435\ 87\cdots。$$

下面我们给出选中一个直至选中全部六个号码的概率。

k	k 个号码正确的概率
0	0.436
1	0.413
2	0.132
3	0.018
4	0.001
5	2×10^{-5}
6	7×10^{-8}

幸运号码

加上幸运号码之后，各种奖项的概率会增加多少呢？我们来算一算：

选中 5 个号码的可能有 $C_6^5 C_{43}^1 = 6 \times 43 = 258$ 种。因此，选中五个号码的概率是乐透大奖概率的258倍。那么，所选的六个号码中有五个正确号码，并且剩下的那个恰好是幸运号码，这总共有多少种可能呢？在选中五个号码的基础上，幸运号码只有唯一的选择，因此，总的可能性只有 $C_6^5 = 6$ [①]。

由于选中全部大奖号码只有一种可能，因此我们可以说，选中五个大奖号码外加幸运号码的概率，是中得乐透大奖概率的六倍。

---

① 我们也可以这样看问题：乐透公司给出六个大奖号码和一个幸运号码。你的彩票选中其中六个的方式总共有 $C_7^6 = 7$ 种。其中一个是真正的大奖，这里所求的就是剩下的那六个。——译注

041 思想的结晶
公式、符号与记号的优点

公式是数学的语言。数百年以来，人们发明了特别的符号，专业人士不需要书写多少文字，就可以使用它们进行交流。有了贝多芬《第九交响曲》的曲谱，首尔交响乐团就可以据之演奏出体现作曲家创作意图的音乐。相似地，数学公式也没有文化界限，它们能被全世界所理解。

图 53 记录音乐的五线谱

和音乐符号一样，数学公式也是一种现代发明。从亚当·里斯写于 16 世纪的手稿中提取数学公式，对今天数学系的学生来说是一件困难的事情。在他所写的关于代数的文章中，他没有使用公式。相反，他所有的计算都写得像散文一样，对 21 世纪的我们来说，阅读起来相当有难度。

"$3x + 5 = 26$ 这个方程对某个 x 成立"这个陈述，在里斯的书里会是这样的："将一个数乘以 3，加上 5 等于 26，那么这个数应该是多少？"

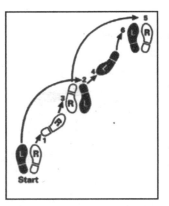

图 54 一种记录舞步的符号

里斯给出的解法更加有趣。他使用了这样一种技巧：将两个 x 的猜测值代入问题，即用它们分别计算 $3x + 5$ 的值。然后，他根据计算结果是大了多少或者小了多少，使用这两个猜测值做插值计算，从而获得正确的 x 值[①]。

用与专业相适应的书写形式进行交流，这并不仅限于数学和音乐。比方说，有些人熟悉舞步或棋子位置的记号，有些人能看懂工程的蓝图或化学反应式。所有使用这些特殊"语言"的人都肯定，用它们进行交流要方便很多。甚至对于创造性的思考，如果可以用适当的记号来强调其中最重要的地方，那也

① 例如，将 $x = 1$ 代入，得到的值比 26 小 18；将 $x = 10$ 代入，得到的值比 26 大 9。这就是说，$x = 1$ 对应于 -18，$x = 10$ 对应于 9，因此，对应于 0 的 x 就是 $(18 \times 10 + 9 \times 1)/(18 + 9) = 7$。有意思的是，这种算法有可能源于中国古代的"盈不足"术。——译注

是非常有益的。当然，掌握公式意义的速度取决于读者的数学基础，对于乐谱和棋谱等等，情况也是如此。

最后我们应该强调，对任何数学家来说，公式从来都不是数学的精髓，它们只不过是一种记录和传递思想的方式。相似地，没有音乐家会认为，音乐的真谛在于读写乐谱的能力。

从几何中解放出来的代数

经过了很长很长的历程，数学领域才逐步形成现在的标准记号。如果一位中世纪的人想要说，他需要寻找一个 x 使得 $x^3 = 5$ ——比方说，因为他希望能知道体积等于 5 的立方体的边长。那么，他只能写出类似于这样的文句："一个数会是什么，才能使得它自己相乘三次之后，所得的数值等于 5 呢？"可以想象，表达复杂的计算——例如利息的计算——将会是多么的艰难。

迈向较好的符号系统的第一个重要脚步，是文艺复兴时期的意大利人跨出的。大约到 18 世纪，数学就已经形成了与今天基本相同的符号系统。在那个时期，多数最著名的数学常数都得到了命名：欧拉在 1731 年将 e 用作指数增长的记号[①]，而由于 π 这个希腊字母对应的拉丁字母 p 正好是英语"周长"[②]的字头，英国人产生了把它作为圆周率记号的想法。

另一个曾经阻碍数学发展的因素是：古人的数学问题基本上是以几何为其现实背景的。因此，x^5 和 $x^3 + x$ 看起来都是没有意义的表达式。要理解 x^5 的意义，古人需要想象出五维物体；而在他们看来，$x^3 + x$ 是一个体积与长度之和，而属性不同的数值的相加是没有实际意义的。

正是笛卡尔的工作让数学冲破了几何解读的桎梏，大大扩展了数学的适用范围。今天，我们可以处理包含数千个变量的问题；但没有人会记得，不过几百年之前，x^5 还会导致理解上的困难。

---

① 参见本书第 42 篇。
② 英文拼法是"perimeter"。不过，圆的周长有"圆周长"这个名称，即"circumference"。

042 无尽的增长
e 与指数函数

当利息长期处于创纪录的低位时，投资人的日子会非常艰难。想象子虚国有一个银行，其存款利率达到令人咋舌不下的 100%。于是，一欧元的存款，一年到期就会变成两欧元。某个人更加聪明地利用这个高利率：他半年就取出存款——这时连本带利是 1.5 欧元，然后再立即存入。再过半年，他又将存款取出。这时，他的 1.5 欧元已经存了半年，因此取得的款额为 $1.5 \times 1.5 = 2.25$ 欧元。如果他按季度取款和存款，那么一年之后将可以得到 $1.25 \times 1.25 \times 1.25 \times 1.25 = 2.44$ 欧元。于是，他开始思量：每天、每小时、甚至每一秒，他都先取款再存款的话，收益究竟能增加到多少。

结果，他很惊讶地发现：频繁的存款和取款，并不会带来很多的收益，利息收益的增长是有极限的。一年后本息相加，最高的收益是年初本金乘以 $e = 2.718\cdots$。

就像 1，2，3，$\cdots$，9 等之于外行一样，对数学家来说，e 这个数会在各种奇特的场合出现。它和 π 一起，被数学家们认为是数学中最重要的两个数字。在与指数有关的地方，基本上就会有它的影子，例如，细菌的繁殖是指数性增长，放射性元素按指数函数衰减，它们的数学描述就都离不开 e。此外，e 还经常在概率论中出现，高斯[①] 分布函数就是著名的一个例子。

我们能得到多少利息？

下面给出的表格告诉我们，收益固然随着计算复利的次数（即重复取款-存款的次数）的增加而增加，但这个增加是有上限的。表格的第一行是复利的次数，第二行是一年之后账户上的余额。

复利次数	1	2	5	10	50	100
一年后账户余额	2.000	2.250	2.488	2.594	2.692	2.705

---

① 可参考本书第 25 篇。——译注

当复利次数不断增加的时候，一年后的账户余额就越来越接近 e = 2.718 281 828 …。

指数函数

除了利息计算之外，还有另外一种途径我们会得到 e 这个数。在建立简单人口增长的模型时，人们要寻找一个函数 f，它满足以下三条性质：

- 在自变量等于 0 时，函数 f 的值等于 1。
- 函数 f 是可以求导数的。这就是说，在任何一点，函数都有确定的增长率。从图形上看，它不能出现"纽结"之类的形状。
- 如果在点 x，函数的导数是 $f'(x)$，则 $f'(x) = f(x)$ 必须成立。这意味着，函数值越大，它的增长率越高（如图 55）。

上述性质与人口增长模型的关系是清楚的：当人口增长时，由于有生殖能力的人口的增加，人口的增长率也同样会（按比例）增加。

令人惊讶的是，满足以上所有三条性质的函数只有一个，它与 e 密切相关：这个函数就是 e^x！因此，我们可以用这样的方式引入 e：

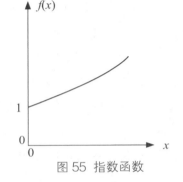

图 55 指数函数

- 第一步，证明以上描述的函数是唯一的。
- 将 e 定义为这个函数在自变量等于 1 时的值。

这种方法的好处是，我们从一开始就将得到 e 的一个重要应用。只要我们为增长或衰减过程（例如细菌繁殖、放射性等）建立模型，形如 e^{ax} 的函数就一定会出现，其中的 a 在增长模型中是正数，在衰减模型中则是负数。下面是两个典型的例子。

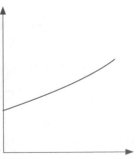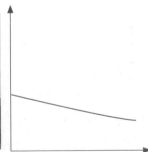

图 56 人口增长函数 e^{ax}，其中 $a > 0$　　图 57 放射性衰减函数 e^{ax}，其中 $a < 0$

在上面的第一个例子中，曲线表示某个国家人口随时间变化的情况；而在第二个例子中，纵坐标表示的是某座受到核污染的建筑里的污染物数量。

043 量子如何计算？
关于量子计算机

几年前很多人都在谈论量子计算机，但近来相对平静了许多。如果必要的复杂结构能够建造出来的话，这样的计算机将会拥有无可比拟的计算能力。然而，对于它是否最终能够实现，现在看来似乎应该保持相对悲观的态度。

目前为止，人们对量子计算机的能力已经开展了很大力度的研究。这与20世纪的情形有些相像：当人类第一枚火箭发射上天的时候，很多人都在畅想星际旅行时代的到来。

纳米世界的某些规律与我们的日常经验有着巨大的不同，建造量子计算机的想法，就基于对这些特殊规律的利用。特别地，量子力学告诉我们，在量子系统的相互作用中，最终测量结果的概率会以可控的方式叠加[①]。如果我们可以改变一个数学问题的表达形式，使得它的解可以在量子计算机上表示出来，那么人们就可能利用这些叠加的分量，同时进行数量庞大的并行计算。而且，可能的并行数目随量子比特的增加呈指数型增长。

很不幸，许多问题的存在，使得建造这种计算机的可能性成为疑问。而这些问题之中，有一些是物理世界中难以避免的。例如，只有在这个计算系统被最严密地隔离起来时，量子世界最著名的性质才可以被利用起来。这是因为，任何不期而至的粒子，例如宇宙射线的干扰，都会引起系统的崩溃。不仅如此，其编程方面的问题似乎也是无法解决的：如果一个中间计算需要某个特定的结果，那么这个结果首先就需要被测定。然而，在量子世界里，每一次测量都会改变系统的状态，而且原始状态是不可能重建的。其结果是：几乎没有适合这种计算机处理的数学问题。数学通常需要的是准确的解，而不是正确率等于某个概率的答案。

一个以简单的重复尝试来寻求解答的例子是：密码破解问题。确实，当美国的彼特·舒尔设计出巨大数字因数分解的量子算法时，对量子计算机的兴趣勃然而起。这种算法

---

① 这意味着，一个测量结果是多个分量以某种概率分布的叠加，人们因此有可能从中同时得到各个叠加分量的值。这就是说，不仅各分量可能同时进行数据计算，一个输出结果也同时包含着多个分量上的数值。——译注

可以破解 RSA 密码[①]，而正是因为这项工作，舒尔在 1998 年柏林的国际数学大会上荣获奈望林纳奖[②]。

图 58 应用数学家彼特·舒尔

什么是量子比特？

与量子计算机相关的最著名的概念是"量子比特"，这是比照普通计算机中的"比特"创造出来的术语。在普通计算机中，一个"比特"是信息存储的一个单元，它可以被赋予 0 和 1 两种数值，数以十亿计的比特联结在一起，共同用于承载复杂的计算。

量子比特是比特在量子计算中的类比。我们可以这样想象：一个量子比特是一个黑盒子，当它被查询时，它以一个 0 或 1 回应。具体返回哪个值并不确定，确定的是它将以什么概率返回 0 或 1。在某种意义下，"经典"比特是量子比特的特殊情形，它返回的 0 或 1 都是确定值。

量子比特的概率型定义反映了一个事实：纳米世界不是确定的，它的状态只能用概率来描述，只有测量才最终确定哪个可能值会成为现实。

然而，把量子比特想象成黑盒子还是不够的，因为这不足以用来描述多个量子比特之间的相互作用。为了得到更清晰的理解，我们必须想象，输出为 1 或 0 的概率是由平面上一对向量所确定，而以 1 为标记的向量长度之平方表示输出为 1 的概率。例如，如果以 1 为标记的向量长度等于 0.8，则输出 1 的概率就是 $0.8^2 = 0.64$。当然，此时输出 0 的概率就等于 $1 - 0.64 = 0.36$，因而以 0 为标记的向量的长度就等于 $\sqrt{0.36} = 0.6$。在图 59 中，表示 1 和 0 的向量长度相近，因此输出 1 或 0 的可能性就和抛硬币作决定相差不远。

0   1

图 59 输出 0 或 1 概率相同的量子比特

量子比特除了大小之外还有方向，引起人们兴趣的是："0"和"1"的概率向量的方向之间是相互独立的。两个量子比特之间的相互作用，可以用它们向量的相加[③]来表示。

① 关于公开密钥密码可参见本书第 7 篇，关于 RSA 请参见本书第 23 篇。
② 这个奖的颁发对象是在计算机科学的数学方面做出重要贡献的专家。——译注
③ 向量相加的结果通常需要"规范化"。由于详细的解释超出本书的范围，我们在这里略而不谈。——译注

因此，如果两个量子比特输出 1 的概率都很大，但它们的向量大小相近而方向相反，那么，相互作用的结果就可能是：输出 1 的概率变得相当小。

图 60 是另一个示例。图的左边描绘两个量子比特。为避免图片过于拥挤，我们把各量子比特的 0 向量画在相应 1 向量的上方，并省略它们的标记。显然，两个量子比特返回 1 的概率都比返回 0 的要大。然而，由于它们的 1 向量大小几乎相等而方向相反，相互作用的结果如图右边所示，几乎肯定会返回 0。

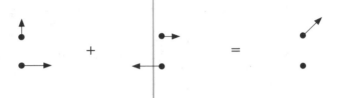

图 60　两个相互作用的量子比特

这种量子相互作用，是（设想中的）量子计算机的优越性能所依据的原理。为回答某个特定的问题，我们向编好程序的量子计算机发出查询。理论上，它将产生庞大数目的可能输出结果，但按照事先的设计，我们想要的答案被选为实际输出的概率特别高。这是非常高科技而且非常复杂的，量子技术要实现这样的计算机，目前看来仍然有很长的路要走。

上述"庞大的数目"来自量子间的相互作用。假设我们有 Q_1 和 Q_2 两个量子比特，每个都分别可以取 0 和 1。Q_1 和 Q_2 作为一个量子系统，就可以有 00、01、10 和 11，总共四种可能的结果，于是就有四个相应的概率向量。例如，如果 00 的向量非常短，那就意味着它们的相互作用出现 0 "状态"的可能性非常小。在实际的密码破解应用中，需要的量子比特可能有数千个之多，相应状态的总数目是长达数千位的庞大数字，这大大超出了我们目前拥有的技术能力。

第三版后记：量子计算机近年的沉寂并不令人惊讶。每隔一段时间，人类可以操控的量子比特数量会略有增加，但这离破解密码还有十万八千里之遥：我们在本书的第 6 篇已经见识过 2^{64} 之巨大，而密码破解问题需要面对的是 2^{2000} 种可能的密码。

044 追求极致
关于极值问题

以什么转速转动时，发动机的性能最好？跳雪运动员要如何跃起，才能跳出最远的距离？过去几百年来，人们创造出很多解决这种关于"最大"或"最小"问题的办法。

最简单的问题涉及有限的、数目相对小的可能选择。对这种问题，简单地尝试所有的可能选择，就可以找出最优的答案。但当我们必须寻求关于连续参数的最优解答时，事情就复杂了。例如，投掷出去的球，它的飞行距离是投掷角度的函数。投掷角度的可能值是连续参数，寻找球的最长飞行距离的问题，就不再是简单尝试可以解决的问题。

学过微积分的读者可能记得在大学期间遭遇过这类问题。其解法是：对相应的函数求导数，令导数等于 0，然后从中解出所求的参数值。由于参数是连续变化的，这种问题的潜在答案有无穷多个。但我们发现：这里的解法却可以用求解一个方程的办法，从无穷多个可能中找出答案。换句话说，是以有限的时间处理了无穷多种情形。这一令人震惊的事实数百年前就已经为人所知，而它正是微分学和积分学发展的原动力。

对于需要考虑的参数不止一个的情形，解决方法也没有很大的不同。尽管面对的方程会更加复杂，但事情同样可以简化为解决少数几个方程的问题。我们在这里应该指出，相比二三十年前，现在的高速计算机能够处理复杂程度高出许多的问题。

但是，有时会出现全新的想法。几年前，"模拟退火算法"[①]就曾风靡一时。我们做一个类比：一位登山者在浓雾的包围中要攀登最高峰。他的攀爬策略是：只要有可能就往上爬，但如果不巧爬上某个并非最高峰的小山顶，他就改变方向，暂时下行。

最后，我们应该注意，我们可以把问题的解决交给数学，但设定目标是我们的事情。我们的第一个例子是发动机"最好性能"问题，"最好性能"是输出功率最大？是燃料消耗率最低？或者是最环保？目标不同问题就不一样，数学解决我们的问题，但问题需要由我们提出来。

---

① 参考本书第 60 篇。

一个典型的极值问题

一位业余自行车运动爱好者打算将车骑上哈茨山顶，他计划早上离开旅馆而晚上返回。我们先澄清一点：在到达最高点时，自行车应该恰好处在水平状态。因为，前轮位置较高意味着向上骑行，前轮位置较低则意味着向下骑行。

这正是极值问题的思想精髓。达到极大值时，曲线的斜率（或"坡度"）会等于0。应用本书第13篇的术语，我们可以说斜率为0是达到极值的"必要条件"。

要用这个知识来计算极值问题，我们需要表达曲线斜率的公式。这正是现代数学发展最强的推动力之一，微积分因此而诞生——由莱布尼茨和牛顿分别独立发明。

我们来看一个例子：$-x^2 + 6x + 10$ 什么时候达到它的最大值？它的图形显示，它先上升而后下降。

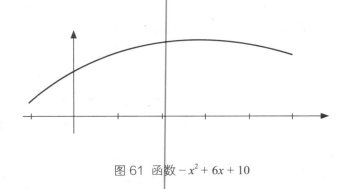

图 61 函数 $-x^2 + 6x + 10$

但是，达到最大值的准确点在什么地方？应用求导数的规则——这我们不详细介绍——可以得到它在 x 处的斜率等于 $-2x+6$。这个表达式在 $x = 3$ 时的数值等于 0，就是说曲线此时的斜率为 0，并且函数在这点达到最大值。需要注意的是，在解决这类问题时，我们要小心避免找到的是最小值的情形[①]。在最低点时，自行车同样也处于水平的状态。

---

① 事实上我们还需要判断，找到的"高峰"究竟是最高峰，还是某个小山顶？小山顶在小范围内是最高的，在那里自行车也处于水平状态。 ——译注

045 无穷小?
无穷小与非标准分析

过去数百年间，无穷小量就像幽灵一样，总是在数学世界里随处飘荡。所有那些喜欢几何和代数的人们，他们一直想把数学置于牢固的基础之上，却饱受这幽灵的恐吓。

在 17 世纪，当积分学和微分学需要无穷小量时，它们开始获得属于自己的舞台。莱布尼茨和牛顿分别提出微积分学两种不同的建构方式，但它们都不能避开"无穷小"。

然而，"无穷小"到底是什么意思？如果一个数 x 是正的，那么就会存在比它更小的正数，比方说 $\frac{x}{2}$。因此，最小的正数是不可能存在的。然而，在考虑给一个数量赋予越来越小的数值时，人们就有可能被误导。

例如，我们考虑一个圆的弧。假设我们在圆弧上固定一个点，观察那个点周围的圆弧。放大的倍数越大，它看起来就越像是一段直线。于是，在极限情形，我们就可以试图把它当作普通的直线段。于是我们可以说，以无穷小的观点看，圆弧是直的。

当莱布尼茨从曲线得到它的切线的时候，他使用的就是这样的推证方式。尽管这种推证疑问重重，莱布尼茨还是用它得到了很多有意义的结论。但是，他同时代的很多数学家对此提出过很多批评。而直到 19 世纪，微积分学的基础才最终发展到可以抛弃无穷小量这个概念的阶段。在这个发展过程中，柏林籍数学家魏尔斯特拉斯扮演了非常重要的角色（作为柏林人，请允许我在这里小小地骄傲一下[1]）。

没有人对无穷小量的消失表示怀念。特别地，对刚刚学习数学的人来说，没有这个含糊的概念，他们所学的微积分的基础更为牢靠，无穷小量的复兴基本是没有可能的事。然而，以"非标准分析"之名，几十年前曾经出现过复兴无穷小量的尝试。但是，如果真的想要对微积分有精确的理解，非标准分析是不合适的，它比其他体系更难以接近微积分的精髓。

---

[1] 本书作者贝兰茨教授是柏林人。——译注

ε[①] 的世界

那么，现在的数学是怎么处理无穷小量的呢？作为例子，我们来考虑自然数倒数的序列，也就是 1，$\frac{1}{2}$，$\frac{1}{3}$，$\cdots$。直观地看，这些倒数显然会变得"任意小"，或者说"任意接近于 0"。

在莱布尼茨的时代，人们会说这些倒数"最终变成 0"。但今天如果有人这样说，即便是大学一年级的学生也会予以反驳。要使这种无穷小思想得以准确地表达，人们普遍接受的方法是这样的（警告：下面将进入技术性细节）：

假设我们有一个正数的无穷序列 x_1，x_2，x_3，$\cdots$。如果无论多小，这些数最终都会小于任何正数，那么我们就说这个数列"收敛于 0"。更准确地说，无论一个给定的正数 ε 有多么小，总会有一个下标 n，使得不仅 x_n，而且 x_{n+1}、x_{n+2} 以及序列中所有后续的数都小于 ε。为了证实这一点，我们只需要对给定的 ε 找到相应的 n。

对我们的例子来说，我们可以这样来证明：对一个给定的 ε，我们需要取一个大于 $\frac{1}{\varepsilon}$ 的自然数。比方说，对 $\varepsilon = \frac{1}{1\,000}$，我们可以选择 $n = 1\,001$。这样一来，$\frac{1}{n}$、$\frac{1}{n+1}$ 以及数列中所有后续的数，就都小于 ε。于是，我们也就证明了"自然数倒数序列收敛于 0"这一断言。

必须承认，第一次面对这样的定义的时候，很多人会感到难以消化。有一点对所有学数学的学生都一样：无论他们在哪里上学，他们都必须在第一学期理解这种定义。这种定义的重要之处在于，它使得一个最重要但原本模糊的概念变得准确，使我们得以在其基础上准确表述更进一步的数学内容。

非标准分析

"非标准分析"出现于 20 世纪 60 年代，在那种学说里，人们想象的数是以这样的方式存在的：每个"古典"的数都被一个与它无限接近的、由其他数组成的"云团"所包围。而无限接近 0 的那些数，就是无穷小量。

在这个新扩展的数域里，通常的运算规则照样成立，加法和乘法都可以做，它们也满足交换律，如此等等。唯一的一件事，就是人们必须习惯一些关于"大于"和"小于"的奇特的性质。例如，"每一个数都会被 1，2，3，$\cdots$ 之中的某一个所超越"这样的断言就不再正确。

一旦习惯这种新颖的数的体系，很多初学者感到难以理解的事情就会变得很容易。

---

① ε 是一个希腊字母，读成"epsilon"。

例如，函数的斜率不再是我们今天所说的极限，而是像莱布尼茨所认为的那样，不过是无穷小三角形对边与邻边的比值。

然而，尽管有这样的优点，非标准分析仍然将仅仅存在于数学史的注释里。为了理解这种说法的确有牢靠的公理基础，人们需要数年认真的研习。但是关于数以及它们的性质，我们不可能等待那么长的时间：在第一学期的第一周，它们就已经出现在我们面前了。

046 消防与数学
第一类与第二类错误

今天我们将再一次来看看，怎么样才能对现实生活经历建立起数学模型。这一回，我们将探讨避免错误决策的概率。也就是说，面对一种给定的情形，建立一个在所有可能的应对中合理选择应对的过程。

图 62 消防队大门

教科书中决策过程的一个典型例子是：收到本地学校火警电话之后，消防部门应该如何应对的问题。打电话的人听起来是处于醉酒的状态，那么消防队应该怎么决策？冒着学校被烧毁的危险继续玩扑克？或者在明知很可能是谎报电话的情况下，仍然派出四辆消防车？

这类问题可以做出一般化的抽象。在感知外部世界时，人们会出现两种典型的错误：（1）一种假设事实上是正确的，但我们却判定它是错误的；（2）我们判定某种假设是正确的，事实上它却是错误的。在数学领域里，这两种错误分别称为第一类错误和第二类错误。

这样的陈述似乎还是有些抽象，但报纸上和生活中每天都会出现这两类错误，而它们当然都应该避免。在深夜的路口，我们应不应该闯红灯（假设没有警察）？迪斯科舞厅来了一个漂亮女孩，但她是和一个看上去很有问题的男人一起来的，那么主动去找她搭话是不是明智的举动（假设那不过是女孩的哥哥）？

面对这些情况，进化已经使我们能够瞬间作出决定。但是，我们的判断很大程度上依赖于个人的性格和生活经验。

在统计领域，对两种错误的正确估计是决策过程的基础。数学不能（绝对）防止这两种错误的出现，但可以试图将决策的后果数量化，以尽可能降低风险。这就是为什么，消防部门会对每一次火警都作出回应，甚至对他们认定的谎报也不例外。

剧院里的群殴

我们的消防例子是阐明两类错误的范例。但是，由于几乎所有人都没有经历过真正的火灾或谎报的火警，这个例子我们也许会觉得它太抽象、太陌生。

因此，我们将重点讨论我们在每天报纸上遇到的第一类和第二类错误。例如，几个星期之前报纸上有一则这样的报道：由于相信马上会突发集体暴乱，柏林警察进入德意志剧院。而事实上，唯一的"骚动"不过是：一名喝醉的观众撞翻了另一名观众。媒体的评论非常残酷："警察国家！他们就没有别的事可以做吗？"由于"暴乱"这个假设是错误的，所以警察犯了第二类错误。我们可以猜想，如果警察犯的是第一类错误，那么媒体会这么写："很多人都打起来了，警察却假装什么都没有看见！"

2006 年 4 月 10 日，德国《每日镜报》上出现过一篇更为戏剧性的报道：

紧急部门将五岁小孩的报警当作玩笑

因为一个五岁小孩的紧急求救电话被当成玩笑，小孩永远失去了他的母亲。当他妈妈失去知觉时，小孩拨打了紧急求救电话。但绝望中的小孩却遭到训斥，警察让他不要乱玩电话。而当救援终于到达时，他的妈妈已经停止了呼吸。

面对难以抉择的情形，我们每个人也都可能犯这两种类型的错误。假如某个人面对的假设是："我应该去体检"。那么，第一类错误是这样的：他认为完全没有必要，因而没有做体检。但事实上，如果去看医生的话，他的病就会被及早发现并治愈。而如果他非常健康，完全没有必要体检，却仍然去做，那么他就白白浪费了时间和金钱——这就是第二类错误。

047 最早的数学证明
欧几里得的《几何原本》

数学这门学科究竟是从什么时候开始出现的？这是一个很难回答的问题，它依赖于提问者心目中的数学究竟是什么。如果处理简单的数字问题就可以算是数学的话，那数学可以追溯到史前时期。在古巴比伦和古埃及，人们已经有能力进行复杂的计算。例如，今年收获了多少小麦？金字塔的斜坡需要多久才能建成？

这些文明已经发明出回答这类问题必要的计算手段，他们已经得到 π 的相当不错的近似值，并且把直角与所谓的勾股定理相联系。

数学史通常把公元前 1000 年的中段作为数学这一学科的起点。那时，古希腊数学家们已经不满足于经验法则和示例运算。他们希望能够寻根究底，为真理建立起哲学基础。正是这个时期出现了第一批数学证明，其中，早期的一个著名例子是"泰勒斯定理"：如果三角形一个角的顶点位于半圆弧上，而且直径是该三角形的最长边，那么那个角就是直角（如图 63）。这永远都是正确的，从简单的假设出发就可以得到严格证明。

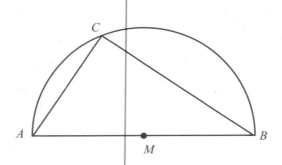

图 63 泰勒斯定理：∠C=90°

在《几何原本》中，欧几里得把与泰勒斯定理及其证明相类似的陈述与推证方式发展到一个高峰。这部著作集中了当时所有已知的几何学知识，并且确立起一个被此后发展起来的学科经常模仿的模式：从明显正确的断言（即公理）出发，以严格的逻辑推导出其余的结论。因此，当牛顿建立他的物理学体系的时候，甚至连哲学家康德都认为那是值得效仿的模式。他在《纯粹理性批判》中写道："任何关于自然的研究，只有当应用了数学时，它才可以算作科学"。

"寻求可证明的真理"这种首先由古希腊数学家开始实践的研究方法，后来取得了非凡的成功。事实上，人们近来发现，我们周围越来越多的现象可以用以前的数学发现来描述。在牛顿那里，所有的一切都不复杂：所需要的无非是向量和函数。不过，今天的专家们已经无法避开弯曲的空间、张量以及概率分布。

为什么应该这样做？这是一个可以讨论的问题。难道上帝是无所不能的数学家？或者，人类只能理解用自己的方法所得到的结论？对数学家来说，这些问题都是次要的。他们觉得，探寻自然永恒的真理是迷人而令人满足的事情。

半圆和直角

泰勒斯定理是一个很好的例子，它告诉我们：如果选择合适的角度去看问题，数学定理有时可以很容易地得到证明。我们再次陈述泰勒斯定理（如图 64）：考虑一个位于直径之上的半圆，直径两端分别记为 A 和 B。如果 C 是半圆上的一个任意点，则 $\triangle ABC$ 是一个直角三角形，而 $\angle C$ 就是其直角。

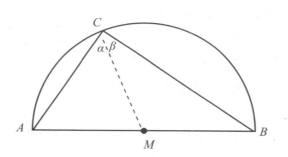

图 64 泰勒斯定理的证明

我们的证明开始于添加辅助线。如图所示，我们把直径的中点 M 与 C 连结起来。

因为 AM 与 MC 都是半径，$\triangle AMC$ 有两条相等的边，因而是一个等腰三角形，它的 $\angle A$ 和 $\angle MCA$ 相等。$\triangle MBC$ 也同样是等腰三角形，所以 $\angle MCB$ 与 $\angle B$ 相等。因此，使用图中的记号，我们知道：原来的 $\triangle ABC$ 的 $\angle C$ 等于 $\alpha + \beta$。所有人都知道，三角形的内角和等于 180°，具体到 $\triangle ABC$，就是

$$\alpha + \beta + (\alpha + \beta) = 180°。$$

于是 $\alpha + \beta = 90°$，这就证明了定理。

泰勒斯定理有着广泛的应用，例如，在本书第 33 篇中我们用它来证明：用直尺和圆规可以画出已知数的平方根。

048 超越而非穿越
数字类型的层次

数学家经常从其他领域借用词汇，用来表示与其原义没有多少联系、甚至完全无关的意思。这样的做法，经常给数学界之外的人们造成困惑。

人们经常认为，数学家所说的"超越数"，与超越普通数学的某种神秘现象有关联。圆周率 π 是超越数这样一个事实，理所当然地引起很多数学业余爱好者的兴趣。

要理解超越数究竟是什么，我们需要理解关于数字类型的一些基本概念。鉴于我们讨论的内容，我们可以从分数开始说起。像 3/8、−7/19 这样的分数称为"有理数"。需要指出的是，这个名称源于"比例"而非来自"理由"。

对大部分日常生活问题来说，有理数基本上是够用的。但如果对精确的数学理论有兴趣，那像 π 和平方根那样的数就变得必不可少了。

不出意料，不是有理数的那些数就称为"无理数"，它们在数学中无处不在。无理数中有一些描述起来相当容易，它们是"代数数"。从一个外行的角度理解，我们暂时可以认为这些数与代数运算，例如加、减、乘、除等运算有着某种方式的关联。

还有一些数不是代数数，它们被称为"超越数"。如果我们想要与这种数打交道，那我们就不能再局限于代数方法。在数学中，这种数字经常作为某种数学结构的极限而出现。

有理数、代数数和超越数是一系列层次递进的数字类型，对数字的递进类型的研究已经取得了许多令人惊叹的结果。其中最著名的一个当然是：尺规作图不可能做到"化圆为方"的证明。这个证明的基础是，只有相对简单的数（也就是某些代数数）可以用尺规作图画出，而化圆为方却要求画出（与 π 相关的）超越数。由于超越数的存在直到19 世纪才得到证明，因而"化圆为方"问题直到它被提出 2000 年之后才得以解决，也就丝毫不让人感到惊讶了。

数字类型的层次

超越数在本书的多个篇章中扮演着重要的角色，在数字类型的层次结构中，它是最复杂的一类数。下面，我们将对数字的层次类型做一点系统性考察。

自然数

它们是最简单的数，就是 1，2，3，…这些数字。在孩提阶段的某个时刻，"数字"这个抽象概念会被接受，而学龄前儿童通常也能够掌握简单的数字计算。

要点：

（1）为了做到自然数的公理化，目前一般采用的是"皮亚诺公理"。这个公理体系之下，自然数中存在一个初始的数字，然后人们可以"一直数下去"。其中，最重要的是"归纳公理"：任何一个断言，如果它首先对数值 1 成立，并且在假设这个断言对数值 n 成立的前提下，它对数值 $n+1$ 也成立；那么，这个断言必然对所有的自然数都成立（参见本书第 34 篇）。

（2）自然数集通常以 $\mathbb{N}$ 为记号，是英文"自然数"（Natural numbers）的第一个字母。

整数

考虑所有的自然数之间的差，我们就会得到整数。3，0，−12 等都是整数，因为它们分别等于 5−2，4−4，2−14 等自然数的差。在商业领域，整数的简单运算是有用的。例如，账目中就会用到整数，其中正数用于记录贷方，负数用于记录借方。

要点：

（1）整数集通常用 $\mathbb{Z}$ 表示，它是德语"数"（Zahl）的字头。

（2）每个自然数都是整数，但反过来则未必正确。

（3）整数之间的和、差、积运算，其结果仍然是整数。但整数的商未必是整数，44/11 是整数，而 3/2 则不是。

有理数

如果一个数可以写成两个整数的商，那么它就称为有理数。33/12 和 −1111/44 都是有理数的例子。

要点：

（1）有理数集合的通用记号是 $\mathbb{Q}$，它是英文"商"（Quotient）的字头。

（2）整数 m 可以写成 $m/1$，因此整数都是有理数。

无理数

　　所有不是有理数的数都是无理数。当古希腊人发现这种数的存在时，他们感到无比的震惊。最广为人知的无理数是 2 的平方根。关于这个数，我们在本书的第 56 篇有较为详细的介绍。与有理数不同，无理数集并没有通用的记号。

代数数

　　我们从一个想象的游戏开始说起：参加游戏的第一个人（假设他叫"张伟"）选择一个数 x，游戏要求第二个人（假设她叫"李娜"）从 x 出发，使用自然数以及加、减、乘、除四则运算，来构造一个运算式[①]，使得这个运算式的结果等于 0。游戏规则规定，在运算式中 x 可以出现任意（有限）多次。如果李娜可以构造出等式，那么她就赢得游戏，否则就算张伟赢。

　　我们来举几个例子：

- 张伟选择 $x = 17$。看到这个选择李娜非常高兴，她选择自然数 17 以及减法运算，构造出运算式 $x - 17$。很显然，她构造的运算式的结果等于 0，所以她轻而易举地赢了一局。

- 接着，张伟选择了一个略微复杂的数：$x = 21/5$。李娜略一思索，选择自然数 5 和 21，然后选择乘法和减法运算，构造出运算式 $5x - 21$。没费太大的力气，李娜又赢了第二局。

- 张伟不甘心失败，一咬牙选择了一个更复杂的数：$x = \sqrt{2}$。李娜也不用思考，选择自然数 2 以及乘法和减法运算，构造出运算式 $x \cdot x - 2$。结果，她再次获胜。

　　能够让李娜赢得游戏的那些数就是代数数。从游戏中我们看到，整数、分数、$\sqrt{2}$ 都是代数数。

超越数

　　在明白了什么是代数数之后，超越数就容易定义了：一个数如果不是代数数，那么它就是一个超越数。用上面的游戏来表达，我们可以说：如果张伟说的一个数 x，无论李娜学过多少数学，她都无法取胜，那么这个 x 就是一个超越数。换句话说，如果对一个数 x，任何复杂的关于它的整系数代数表达式都不等于 0，那么它就是超越数。

---

　　① 我们澄清一点：在构造的运算式中，x 的相互抵消是不能允许的。然而，给出这个游戏规则的严密描述并不是很简单的事，我们不打算在这里深入讨论。——译注

要点：

- 证明一个数是代数数，以及证明一个数是超越数，两者的证明方式是不一样的，注意到这个不同非常重要。要证明一个数 x 是代数数，我们只需要构造出一个关于 x 的整系数代数表达式，然后证明它的值等于 0。而另一方面，如果我们要证明一个数是超越数，我们就必须证明，无论什么样的表达式，无论有多么复杂多么冗长，即便从地球写到太阳，它的值都不会等于 0。显然，后者这种"不存在性"的证明远远比存在性证明复杂。也正因此，直到 19 世纪中期，人类才证明了超越数的存在。

数学最重要的数中有一些是超越数，其中最著名的两个是：自然对数的底数 e，以及圆周率 π。关于它们，读者可分别参考本书第 42 篇和第 16 篇。

049 偶数与素数和

哥德巴赫猜想

我们在这本书中多次谈到素数，它们是只能被它们本身以及1整除的（自然）数，2，3，5，7，11…等等都是素数。尽管这种数描述起来很简单，但它们是很多难度极大的问题的核心。这种难题中有一个是"哥德巴赫猜想"，人类在过去的数百年中都没能解决这个猜想。

克里斯蒂安·哥德巴赫（1690—1764）是一位外交家，但他对数学怀有相当浓厚的兴趣。1742年，他与伟大的数学家欧拉通信，讨论他的猜想。哥德巴赫的这个猜想叙述起来相当简单，它涉及的是素数的加法性质："下列陈述是否正确：每一个大于3的偶数，都可以写成两个素数的和。"为了理解这个陈述的意思，我们来考虑偶数为30的情形。确实，30可以写成23+7这个和式，其中的23和7都是素数。当然，30还可以写成另外两个素数和，即30 = 19+11。事实上，这个猜想对所有已经验算过的偶数都是正确的：这些偶数都可以写成两个素数的和；当偶数很大的时候，会存在很多很多种不同写法。

尽管有压倒性的实验证据的支持，数学界却至今未能证明这个猜想，这种现状于是成为关于数学的世界性负面新闻。不可否认，这个"定理"在任何应用数学领域都没有可预见的用处。然而，我们必须明白，数学家们并不仅仅会把精力投入到开拓具有重大实用性的方法之中，他们也致力于发现关于数量、几何以及概率的普遍性规律。

此外，数学家们会被长期未能解决的难题所诱惑，被带有前辈智慧印记的问题所吸引。当然，也有数学家的动机是赚钱，毕竟有些难题的悬赏金额已经相当可观。

哥德巴赫猜想重要吗？

关于哥德巴赫猜想的重要性，数学界存在两种不同的观点。这个猜想已历经数百年而无人能解，仅凭这一点它当然就是很有意义的。就像登山运动员第一次登上珠穆朗玛峰，或者是短跑运动员第一次在百米赛跑中跑进十秒，解决这个问题必然带来极大的喜悦。

要理解对这个问题重要性的怀疑，我们需要明白这一点：素数是以乘法性质来定义的：素数不能被写成两个较小（但大于1）的自然数的乘积。此外，关于素数的最重要的性质也与乘法紧密相关：每个大于 1 的自然数 [1] 都可以写成素数的乘积，并且乘积表达式中的素数是唯一确定的 [2]。然而，哥德巴赫猜想却是关于素数加法的猜想。持批评态度的人不禁要问：一种关于乘法的数，研究它关于加法的性质有什么意义？

实验证据

在图 65 中，横坐标表示的是 $z = 4$，6，8，…等偶数，每个 z 上方的点表示将 z 写成两个素数和的不同方式的总数。例如，图中靠近左侧的那个棕色点，它位于 14 的上方。这个点的高度是 2，因为 14 可以写成两种不同的素数和形式，即 3 + 11 和 7 + 7。

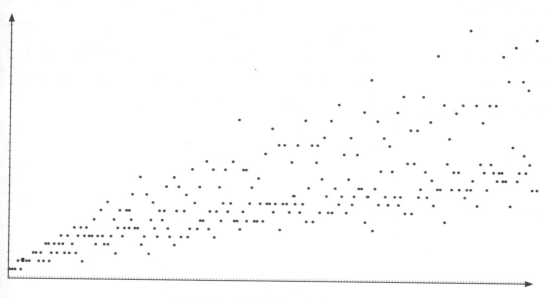

图 65 前 240 个偶数的表达方式个数

以这种表达方式，哥德巴赫猜想等于是说：图中不存在高度等于 0 的点。从这个图看，我们其实可以有很多很多的猜测。尽管图上的点看起来有些无序，但它其实还是表现出一种趋势：虽然有些远处的点距离横坐标轴并不远——或者说它们表示成素数和的形式并不多，但整个图的总体趋势是持续向上的。换句话说，不仅每个（大于 3 的）偶数都可以写成素数之和，其素数和的表达方式还应该随着 z 的增大而变得越来越多。

---

① 我们不止一次说过，自然数就是 1，2，3…等等。

② 换句话说，如果将一个大于 1 的自然数写成素数的乘积，而乘积中的素数依从小到大摆放，那么乘积表达式是唯一的。——译注

哥德巴赫猜想的一种"证明"

哥德巴赫猜想是最吸引数学业余爱好者的问题之一。几个星期前，某大学的数学系收到一封写有如下"证明"的信件：

首先：素数有无穷多个。[①]

其次：所以素数和的结果有无穷多种。所以哥德巴赫猜想得证。

很不幸，这与猜想的证明相距实在太过遥远。它证明了一点：的确有无穷多个偶数是两个素数之和。但是，这个"证明"除此之外一无所有。它所证明的这一点，与哥德巴赫猜想所说的"每一个（大于 3 的）偶数都可以写成素数和"天差地远。也许写信者脑子里是这样想的：我已经考虑了无穷集合的无穷多个元素，所以我肯定已经全部考虑过了。这种想法对有限集合是正确的：总共有五个信封，五张邮票分别贴在不同的信封上，那么结果肯定是所有的信封上都已经贴着邮票。然而，无穷集合的性质并不一样。所以，哥德巴赫猜想还在等待着证明，而且证明的奖金还相当丰厚。

---

① 参见本书第 4 篇。

050 条件概率之逆推
再说贝叶斯公式

　　进化给我们准备了估计概率的能力。在几分之一秒的时间内，我们就已经作出决策：面对强敌是"战"还是"逃"？汽车着火时是冲上去灭火，还是掉头就跑？我们还能根据一些事件出现的概率，判断出最新发展可能导致的后果。例如，如果你想了解你的新朋友是否喜欢古典音乐，那么当你发现他混淆舒曼和舒伯特时，你大概就会断定他基本上不可能是古典音乐迷。

　　上面表达的思想还不够清晰，但可以用"条件概率"的概念以数学的方式清楚地描述。作为例子，我们考虑抛掷（质地均匀的）骰子时掷得偶数的概率。大家都没有疑问，这个概率当然是 1/2。但是，如果我们获知抛掷结果是一个素数这个信息，那么在这个前提条件下，掷得偶数的概率就减小到 1/3 了。这是因为：骰子六面中有 2、3、5 三个素数，而其中只有 2 是偶数。

　　贝叶斯公式是一个著名的数学公式，它使得人们可以逆向应用条件概率。假设，吧台服务生根据经验得到顾客给付小费的概率，比方说，总平均是 40%，但若顾客是游客，那么他给付小费的概率则高达 80%。因此，顾客是游客的信息提高了该顾客给付小费的概率。而根据贝叶斯公式我们可以做出逆向的推导：从顾客给付小费的事实，我们可以计算顾客为游客的概率。

　　必须承认，顾客是否给付小费不是一个至关重要的问题。然而，同样的技术可以用于远为重要的情形，一个著名的例子是医学检查的功效问题。如果针对某种疾病的检查结果为阳性，那么真的得这种病的概率有多高？对所有可能有这类阳性结果的人来说，数学可以很确定地告诉他们：这个概率比非专业的看法要低得多。在这个问题上，进化使人类变得过于审慎，让我们变得远为悲观。

麻疹检查

　　关于条件概率和本书第 14 篇介绍的贝叶斯公式，我们有很多话要说，下面我们总结一些重点：

- 如果 A 和 B 是一个随机试验的两种可能结果，则 $P(A|B)$ 表示在已知 B 发生的前提下，A 发生的概率。例如：我们从标准的一副 52 张扑克牌中抽出一张牌。用 A 记"黑桃 J 被抽中"这一事件，而用 B 来记"抽中的牌是一张黑桃"。那么，由于 52 张牌都有相同的概率被抽中，因此 A 发生的概率是 1/52。然而，如果我们知道抽中的牌是黑桃，也就是 B 事件发生，那么，此时 A 发生的概率就增加到 1/13——因为，黑桃总共有 13 张。

- 贝叶斯公式的最简形式涉及两个事件，我们分别记为 A 和 B。假设事件 B 发生的概率 $P(B)$ 已知，$P(A|B)$ 和 $P(A|-B)$[①] 也已知。则根据贝叶斯公式，我们可以计算 $P(B|A)$ 的数值：

$$P(B|A) = \frac{P(A|B)\,P(B)}{P(A|B)\,P(B) + P(A|-B)\,(1-P(B))}。$$

现在，我们可以更准确地解释关于医学检查的问题了。假设我们关心的是一种罕见疾病的诊断。我们不想说它是癌症或艾滋病，所以假定它是麻疹。有一天早上，我发现自己脸上长出了疱，想知道自己是不是得了麻疹。医生给我做了检查，然后告诉我结果是阳性。现在的问题是：我真的得麻疹了吗？

为了方便我们的分析，我们假设 A 表示"检查结果为阳性"，B 表示"得了麻疹"。要使用贝叶斯公式，我们需要知道 $P(B)$、$P(A|B)$ 以及 $P(A|-B)$。$P(B)$ 表示的是一般人得麻疹的概率，它在成年人中是罕见的疾病，我们不妨假定是 0.05，即 5%。

条件概率 $P(A|B)$ 表示这种医学检查的可靠性：得了麻疹的人检查呈阳性的概率有多高？完美的检查的概率应该等于 1.0 或说 100%。但是，事实中如此完美的检查是不存在的，人们只能获得接近完美的检查。因此，鉴于麻疹检查技术已经很成熟，我们乐观地假定这个概率为 98%。

最后，我们需要 $P(A|-B)$，它是明明没有得麻疹，但检查却呈阳性的概率。人们会希望这种事情永远不发生，然而这不可能实现。这种情况通常称为"假阳性"，它总是有一定的概率。我们实现一点，假定假阳性发生的概率是 20%。

现在我们可以做计算了。我们想要计算 $P(B|A)$，即我在"检查结果呈阳性"的条件下"得了麻疹"的概率。依贝叶斯公式，我们得到

---

① $-B$ 表示事件 B 的"补"，也即"非 B"。例如，当 B 指"黑桃"时，"$-B$"就是"不是黑桃"，等价地说就是"红心、方块或梅花"。从定义可知，"$-B$"发生的概率 $P(-B) = 1 - P(B)$。

$$P(B|A) = \frac{P(A|B)P(B)}{P(A|B)P(B) + P(A|-B)(1-P(B))},$$

$$= \frac{0.98 \times 0.05}{0.98 \times 0.05 + 0.20 \times 0.95} = 0.205\cdots.$$

从以上结果我们知道，真正得病的概率是 20.5%。这个结果很出人意料，因为大多数人会以为它将是一个高出很多的数字。而其中的原因是：在估计这个概率时，人们通常会忽略这种疾病本身很少发生的事实。

几何图形化

为了更清楚地解释我们为什么会错误地估计这些概率，我们参考图 66。

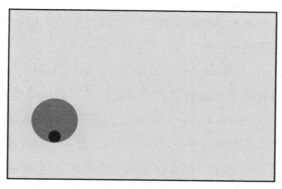

图 66　概率的图形化解释

图 66 中的整个矩形表示我们讨论范围内所有可能的结果。很小而深色的小圆点表示结果 B，即"麻疹"。因为麻疹极少发生，所以这个圆点很小。大而色浅的那个圆表示结果 A，即"检查呈阳性"。由于得了麻疹的人几乎肯定会被检查出阳性，所以深色小圆点（简称"B 圆"）几乎整个都包含在浅色圆（简称"A 圆"）内。因为我们假设"假阴性"发生的概率几乎可以忽略，B 圆位于 A 圆之外的部分非常小。

然而，尽管如此，A 圆被 B 圆覆盖的部分并不大：阳性结果并不意味着几乎肯定得病。

051 十亿与万亿
不同语言间的记号差异

在报纸和其他媒体上，我们经常会看到巨大的数字，例如 GDP 数据、国债等等。我们可以假定，所有人都知道一个 "million" 是一百万，即 "1" 后面跟着六个 "0"。这种假设肯定八九不离十——如果没有这个知识，下周万一赢了乐透大奖，又怎么知道该如何计划花那么一大笔钱呢？

然而，理解 "billion" 是什么意思要困难得多。这也许是因为，政治家和商人在随意甩出这种数字时，并没有清楚地解释它们的含义。对忘记这个单词意思的读者，我们在这里提醒一下，billion 的意思是 1000 个 million（百万），用中文表述就是十亿。一个拥有一 billion 的富豪，拿出他财富的千分之一，就可以使一个穷汉瞬间变成百万富翁。

对大数字的理解已经不容易，而各语言对大数的叫法之不一致，则使问题变得更为严重。雪上加霜的是，同一个大数用词在同一种语言中甚至可能表示不同的数量！在美式英语中，"billion" 表示 1000 个 "million"（百万）。虽然英式英语也有采用这个词义的趋势，但传统英式英语和德语中，1000 个 "million"（百万）是用 "milliard" 来表示的，而 "billion" 的传统意思则是 "million" 的一 million 倍。因此，美式英语以千倍递进的大数依次是 million、billion、trillion、quadrillion 等等。然而，德语中这些数词之间是 million 倍的关系，在以 million（百万）倍数递进的这些数字之间，我们还插入 milliard、billiard 等数词 ① 。不同语言中出现这样的不一致，确实让人眼花缭乱。

德国人还算幸运，因为他们这些术语的意思是稳定的。使用英语和法语的人就没有那么幸运了，在英语或法语文章中看到这些数词时，人们最好从上下文寻找更多的信息，以确认它们的真正意思。在这两种语言中，传统的以及新近的两种数词系统在一段时期内是并存的。目前，法语使用和德语意思一样的 "milliard"，英国人却在与美国人

---

① 我们再仔细解释一下：美式英语中的 million、billion、 trillion、quadrillion 对应于欧洲传统意义的 million、milliard、billion、、billiard。因此，传统意义中的 trillion 是 10 的 18 次方，而它在美式英语则已经是 quintillion 了。换句话说，美式英语中相继的 "–illion" 之间是 1000 倍递进关系，而欧洲传统则是 1 000 000 倍的差距，而中间的 1000 倍间隔使用的是以 –illiard 结尾的相应单词。——译注

交流时使用美国意义的"billion"。所以，当你在德国的媒体上读到某个美国流行偶像是 billion 级富豪的消息时，最好对其财富的数量级打个问号。在德语的语境中，那也许"只不过"是 milliard 的级别。事实上，真正的 quadrillion 几乎不会出现，因为连 GDP 都可以只用 trillion 来衡量。然而，如果要写出德国所有储蓄账户中余额的总和，我们当然需要用到 quadrillion 这个术语。

　　有时候，数学家们会被问到更大的数字，但得到的回答通常是平淡无奇的，因为大数一般只是简单地用 10 的某次方来表示。对数学家来说，一个（美国意义的）billion 是一个"1"后面跟着九个"0"，他们会简单地把它称作 10 的 9 次方（写成 10^9）。因此，如果要谈论 10 的 1 000 次方的话，他们不必特地去查阅拉丁语字典，寻找加在"-illion"之前的拉丁前缀。

两个 0 会引起多大的不同？

　　很可惜自然没有赋予我们理解大数的能力。我们对 10 欧元和 1000 欧元礼物的区别了然于胸，但是，当我们读到光每年穿行 9 460 800 000 000 千米时（几乎等于德语的九个半 billion），我们就不具备理解这个数字的能力。对这个规模的宏大数字，多两个 0 或者少两个 0，我们都感觉不到什么区别。这样的数，我们的感知仅仅是"大得难以言说"。

　　很不幸，这种无能的一个结果是：我们很难理解日常政治中的某些事实。政治家宣布说，"柏林当前的财政赤字是 59 253 104 304 欧元"[①]，在把它解读成"柏林的财政赤字很大"时，我们当然更容易体会它的意思。试图去理解 600 亿欧元赤字对柏林的重大影响，对大多数人来说是相当困难的。但无论如何，这可是 600 亿欧元！把这些钱在一个中等城市的市民中平分，每个人都会成为百万富翁！我们还可以这样想：如果这些钱都是 100 欧元面额的现钞，那么它们可以装满 600 个体积等于 1 立方米的箱子！

　　对"billion"这个词，我们等不到全世界统一使用一个意思的时候。同样，我们也不会等到全世界统一使用右侧或左侧行驶的交通规则。对任何一个社会，一旦几代人都习惯于某个特定的体系，那么保持不变的理由就会有成千上万种。不过，最不方便的是记者：只要报道中出现"billion"这个词，他们就必须搞清楚发出报道的地点和时间。

---

　　① 见于 2006 年 3 月 22 日的《每日镜报》。

052

数学与国际象棋
游戏规则与公理

你会不会下国际象棋？至少知道它的规则？数学中有些方面的内容，在对应到其他领域后更容易解释清楚。今天要谈的数学，我们将用国际象棋来作类比。

首先，我们来考虑游戏的全套规则，它们对应于数学中的公理系统。没有人真的会

图 67 国际象棋中的车

试图改变国际象棋的规则，人们主要是致力于利用现有规则在对局中取胜。相似地，数学家成年累月地考虑的问题是：某种理论体系下的某个断言能否被证明。

而且，就像所有人都知道的那样，国际象棋的规则独立于任何特定的棋盘和对局者，不因它们的不同而改变。如果从哪一步开始有一种将死对方的下法，那么这种下法可以用纸笔写下来，必要时甚至口述也可以。事实就是这样，它与什么人在什么样的棋盘上对局没有关系。相似地，数学结论与特定的个人、书籍、语言都没有关系。柏拉图相信，数学很难被限制于某个地域之内，它是永恒的，并且位于思想王国的中心。其他哲学家则认为，数学只不过是从公认的条件推导出来的一堆结果。这些结果中，有的偶尔会有实际的用途，仅此而已。

我们以已经解决以及尚未解决的问题为例。聪明的初学者很快就会知道，车王对单王是必胜的残局。然而，我们几乎绝对不可能知道，是否先手的白棋有必胜的策略。相似地，数学中也有很多悬而未决的难题，没有人知道它们会不会、在什么时候被解决。（这些难题中有一些我们已经提到过，比如哥德巴赫猜想。）

然而，数学与国际象棋有一个基本的不同，它也正是重要的大

图 68 国际象棋中的马

学都不设国际象棋系的原因。光凭国际象棋，我们无法确定一座大桥是否稳固，也不能计算赢得乐透大奖的概率。国际象棋无法直接应用于现实问题，这是它与数学截然不同的地方。伽利略曾说，"自然这本书是用数学语言写成的"，我们只是还未能真正读懂它。

应该如何学习数学？

数学与国际象棋还有更多的相似之处。我们以大学的数学教育为例。作为规则，人们通过解决具体的问题来学习数学。这些具体问题可以是"证明某数 x 是无理数"，或者"证明某微分方程有无穷维解空间"，如此等等。

相似地，人们也通过具体的残局问题来学习国际象棋，比如练习图 69 的"黑先胜"残局，或者思考"（某特定局面下）如何采用弃象战术获得优势"的残局问题。

图 69 一个黑先胜残局

然而，每个学习国际象棋的人都知道，仅靠残局练习不可能成为国际象棋大师。面对具体对弈中的局面，人们往往苦苦思索，却不知道是否在四步之后会被将死，或者惨烈的弃子是否可以彻底改变棋盘上的形势。

在数学中相应的类比是这样的：在教学过程中，学生必须尝试解决开放性问题，也就是未知是否可以证明的问题。这需要有创造力，判断所面对的问题用什么数学方法可能取得突破。比起"证明……成立"的学习方式，这种练习更接近于职业数学家的实践。

053 大自然的语言
数学与现实世界

将近 400 年前伽利略曾说："自然这本书是用数学语言写成的。"他的意思是说，现实世界的很多方面都可以用数学的语言来描述。举个例子，假设你决定给你新家的客厅铺上地毯。那么，应用简单的几何知识，你就可以计算出你的矩形客厅的面积，从而估算出你所选择的那种地毯大约会花掉你多少钱。

在计算地毯成本时，你真实的客厅的某些方面会被翻译成数学语言。在工程与自然科学中，情形也很相似：我们需要考虑的问题被翻译成数学语言，并用数学技巧加以解决。人们期望，将所得的结果解读成现实世界的解决方案，可以解决实际的问题。在这种过程中，几乎所有的数学分支都有可能被用到，其中包括几何和代数，数值方法和概率论。而所面对的实际问题，可以非常非常复杂。

这与现实生活中的某些情形也很类似。例如，一个在美国度假的德国人想要找最近的加油站，于是，他把德语问题"Wo ist die nächste Tankstelle?"[①]翻译成英语"Where is the nearest gas station?"，然后询问某个当地人。结果，问题在另一种语言（英语）中获得解答，然后再被翻译成最初使用的语言（德语）。

今天几乎没有人怀疑伽利略的这句名言，存在争论的是这句名言之所以正确的缘由。这是我们没有能力破解的奥秘吗？也许造物主是数学家？因此我们得以一步步逐渐理解建构世界的数学原理？或者说，所有的所有只不过是天生自然，数学的成功应用只不过是虚幻的感觉？

数百年来，数学家和哲学家在这个问题上争论不休，却从来无法得到让所有人都满意的答案，而且最终取得共识的可能性也微乎其微。

数学家是翻译家

将数学应用到现实问题的过程通常被用"翻译"二字来描述。因此，完整的解决现

---

① 此句的意思就是"最近的加油站在什么地方？"——译注

实问题的过程是这样的：将现实问题 P 翻译成数学问题 P'，找出 P' 的解 L'。接着，将 L' 反过来翻译成现实中的解决方案 L，作为原问题 P（可能）的解决办法（如图 70）。

在形式上，这与数学领域内以及现实世界中的其他翻译过程很相似。在本书第 36 篇中我们指出，对数最重要的优点是它把乘法运算翻译成了加法运算。而对于在纽约机场等待出租汽车的外国游客，应该把想说的话翻译成英语再说出来，这样美国司机才能够听懂。

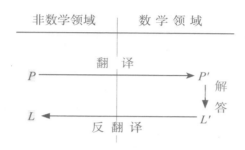

图 70 数学 = 翻译

数学的角色是"世界的桥梁"，这是在"千禧世界数学年"的招贴广告上，丹麦数学家韩森对数学作出的精妙描述。

图 71 丹麦大贝尔特桥

丹麦的大贝尔特桥把该国的菲英岛和西兰岛连接在一起，是欧洲最长、世界第二长的悬索大桥，同类桥梁中只有日本的明石海峡大桥比它更长[①]。很有象征意义地，上面这则广告就悬挂在这座长达 1 624 米的宏伟大桥上。

---

① 中国的舟山西堠门悬索大桥在 2009 年建成通车后位居第二，大贝尔特桥在本书截稿时居第三位。——译注

院子与球面三角

我们必须理解，在对现实问题建立数学模型时，我们需要对问题做出某些简化。尽管，如果简化过分，模型所得的结果很可能会难以应用于现实问题。但如果数学模型太复杂，则它所涉及的计算就可能非常繁复和困难，甚至于无法获得解决。现实生活中，没有人会用球面三角来规划自家的庭院[①]。只有建立的模型合适，数学才有用武之地。

我们同样应该知道，仅凭数学我们可能无法将现实问题翻译成数学模型。例如，当我们要确定某汽车的刹车距离时，我们同时也需要应用相关的力学定律，因为它们给出了质量、力以及运动的关系。

在复杂的情形，翻译过程可能需要应用多个关于现实世界的定理和定律。此时，如果模型的解答与现实观察不相符，人们很难搞清楚到底哪一个定理或定律的应用需要作出修正。

[①] 地球表面基本上是球面，因此庭院的"正确"模型是球面模型。但是与巨大的地球相比，庭院完全可以当作平面处理，球面模型是完全不必要的复杂化。——译注

054 神甫追逐的素数
梅森素数

你的计算机会不会"感到"无聊？你想不想让它帮助你，使你有可能载入数学史册？如果你的回答是肯定的，那么你应该马上登录到 www.mersenne.org 网站。在那里，你会发现一个致力于寻找超大素数的计算机网络。

我们一起回顾一下素数的定义：它们是只能被自己和1整除的自然数，例如3，11，以及31。我们知道素数有无穷多个，因此会存在任意大的素数。但是，这并不必然意味着人们可以找到具体的超大素数。人们尝试多种不同的方法寻找超大素数，而理论指导与海量计算机运算相结合，被证明是目前最为行之有效的办法。

人们可能会觉得，一个数是否为素数，应该是可以容易而快速地加以验证的事情——检验每一个比它小的数是否可以整除它不就行了？很不幸，这是一种很天真的想法，它只有对相对小的自然数才是可行的。随着数字的不断增大，这种方法很快就会让世界上速度最快的计算机运算到地老天荒。

图72 马林·梅森神甫

所以，在寻找"世上最大素数"的探索中，人们只考虑某种特殊类型的数字。这种数字的形式很特别，它是2的很多次方再减去1。例如，31和63都是这种数，它们是2的次方数分别等于5和6时的结果：$31 = 2×2×2×2×2-1$，$63 = 2×2×2×2×2×2 - 1$。这两个例子中，31是素数，但63却不是。这种特殊类型的数以马林·梅森神甫（1588—1648）的姓氏来命名，称为"梅森数"。图72是梅森神甫的肖像，他奉献于数学的，与奉献给上帝的一样多。

对于一个巨大梅森数是否为素数的问题，有一种行之有效的办法，使它可以在相对有限的时间内得到验证。人们必须做的只是对一个超大的数进行一次整除验证。要做这一件事，最好的选择是应用大型计算机网络来完成计算。而梅森网络所做的，就是协调安排这个计算任务的细节。

每隔一段时间，一个破纪录的梅森素数就会被发现。2004 年的素数冠军发现于 2003 年 11 月，它是超过 600 万位长的巨大数字。当时，迈克尔·沙福幸运地发现自己的计算机算出了肯定的结果。作为第 40 个梅森素数的发现者，连许多职业数学家都知道沙福的名字。

素数纪录

数十年来，最大素数的纪录被不断地刷新。以越来越快的计算机，越来越庞大的计算机网络，以及越来越精细的算法，人们不断发现越来越大的素数。所以，毫不惊奇地，2004 年宣布的纪录早已被打破。而在作者写下这段文字的时刻，

$$2^{25\,964\,951} - 1$$

是纪录保持者。但是，这个纪录大概维持不了多久 [1]，如果你想知道最新的情况，请登录 www.mersenne.org 网站，那里可以查询到完整的记录。

要想对这些超大数字的庞大有所理解，我们回顾一下 $2^{10} = 1024$ 这一事实 [2]。换个角度看，我们可以说 2^{10} 大约等于 10^3。相似地，$2^{20} \approx 10^6$，$2^{30} \approx 10^9$，如此等等。一般地，2^n 大约相当于 1 后面跟着 $3 \times (n/10)$ 个 0（至少在 $n/10$ 为整数时如此）。例如，$2^{25\,964\,951} - 1$ 这个数，我们计算 $3 \times 25\,964\,951/10$，所得的结果将近 800 万。因此，这个素数大概拥有 800 万位数字。如果我们想把这个数字打印出来，那么，以每页 50 行、每行 100 个字符计算，我们将需要大约 $8\,000\,000/5\,000 = 1\,600$ 页纸——整整一部"大部头"著作！

素数验证

我们怎么来验证一个数 n 是不是素数呢？比方说，我们想知道，2 403 200 604 587 到底是不是素数？

最天真无邪的方法是：对每一个小于 n 的数 m，我们都验算一下 m 是不是 n 的因数。这种做法大约需要 n 次计算，对于很大的 n 来说，需要的时间太过漫长。

稍微做一点思考，我们就可以节省一些时间。事实上，假如 n 不是素数，那么它就可以写成两个小于它的因数的乘积：$n = kl$。这样一来 k 和 l 不可能同时都大于 n 的平方根。因为，如果 $k > \sqrt{n}$，并且 $l > \sqrt{n}$，那么 kl 就比 n 大。因此，如果 n 没有从 2 到 $\sqrt{n}$ 之间的因数，那么它就一定是素数。

这种想法带来的优势是相当大的。对一个大约为一百万的数 n，它的平方根大约等于 1 000，所以只要大约 1 000 次运算，就可以判断它是不是素数。然而，如果 n 是一个具有

---

① 目前保持纪录的是第 51 个梅森素数，它有 2486 万位数字，发现于 2018 年 12 月 7 日。——译注

② 1024 在计算机科学领域是最重要的数字之一，即通常所说的 1K。——译注

数百万位数字的超大数呢？这时，$\sqrt{n}$仍然极为巨大（10^{200}的平方根是10^{100}，200 万位数的平方根大约有 100 万位数字），计算机连续运算数百年也远远无法完成所需的$\sqrt{n}$次运算。

所以，另辟蹊径是必然的选择。有一种发现破纪录素数的算法，它只对于形如2^k-1的数有效。这种算法称为"卢卡斯－莱默检验法"：

我们记$M_k=2^k-1$，那么，什么时候M_k会是素数？可以证明，k自己是素数是M_k为素数的一个必要条件。但是，这不是充分条件。例如，当$k=11$时，$M_{11}=2^{11}-1=2\,047=23\times89$，它并不是素数。

因此，我们选择一个素数k，然后以如下方式定义k个卢卡斯－莱默数L_1，L_2，$\cdots$，L_k：$L_1=4$，$L_2=L_1^2-2$，$\cdots$，$L_k=L_{k-1}^2-2$。那么，只有当M_k是L_k-1的因数时，它才会是素数。

我们来演示一下具体的验算过程。首先，我们计算出前若干个卢卡斯－莱默数：

$$L_1=4,\ L_2=4^2-2=14,\ L_3=14^2-2=194,$$
$$L_4=194^2-2=37\,634,\ L_5=\cdots=1\,416\,317\,954,\ \cdots$$

很显然，这些数增长得非常快。然而，我们关心的只是这些数是否能被M_k整除。因此，我们只需要考虑L_i模M_k的运算结果[①]。

例 1 取$k=5$，则$M_5=2^5-1=31$。由于我们知道 31 是素数，因此卢卡斯－莱默检验法应该给出肯定结果。我们需要检验M_5是否是L_1，L_2，L_3，L_4的因数。对这些L进行模 31 的运算，我们分别得到 4，14，8，0。最后一个结果恰好等于 0，这意味着M_5是素数。

例 2 取$k=11$，则$M_{11}=2^{11}-1=2\,047$。我们需要计算$L_1,L_2,L_3\cdots L_{10}$模 2047 的结果，而结果分别是：

$$4,\ 14,\ 194,\ 788,\ 701,\ 119,\ 1877,\ 240,\ 282,\ 1736。$$

由于最后一个数不等于 0，我们得到：2047 不是素数。（顺便指出，这种方法证明 2047 不是素数，却没有给出 2 047 的任何因数，卢卡斯 - 莱默检验法不提供因数。）

---

055 最美数学公式

$$0 = 1 + e^{i\pi}$$

哪一个数学公式是最美的公式？关于这个问题，几年前在数学家中进行过调查，答案五花八门，数学中各个领域的公式都有，而最终胜出的是瑞士数学家欧拉在 18 世纪发现的一个公式。当时，他在柏林担任普鲁士国王腓特烈二世的御用数学家。

要理解这个公式，我们需要回顾数学中几个最重要的数字。它们当然包括 0 和 1，因为所有其他的数都可以经由它们而得到。此外，它们的性质在数的运算中非常关键：0 是加法的单位元，任何数加上它之后不会改变数值。相似地，1 是乘法的单位元，这就是说，对任何数 x，$1 \cdot x = x$ 永远成立。

接下来，所有人都需要圆周率 π，连小学生在计算圆的周长时都会用到它。此外，在描述某些增长现象时，数 $e = 2.718\ 28\cdots$ 是至关重要的数字。指数增长（例如细菌繁殖）与指数衰减（如放射性衰减）都是最基本的数学模型，而两个模型中都有 e 的身影。最后，几百年前人们就已经知道，为了求解代数方程，数的概念必须扩展到"复数"。而复数的关键在于虚数 i 的定义，它被"虚拟"地定义为 -1 的平方根。复数在理论研究中起着很大的作用，而且对多个其他专业，例如电子工程学，也是非常有用的工具。

$$0 = 1 + e^{i\pi}$$

令人惊奇不已的是，在上述五个最重要的数，也就是 0、1、π、e、i 之间，存在着一种紧密的联系。具体地说，如果给 1 加上 e 的 $i\pi$ 次方的话，所得到的结果恰好等于 0！这，就是著名的欧拉公式。

对数学家们来说，这个公式有着特别的意义，因为它象征着诸多数学分支之间的和谐与统一。由不同目的产生出的多个特殊数字之间，竟然存在着如此简单的关系，这不能不说是一个奇迹。

最美公式的证明

几乎所有在欧拉公式中出现的数字都是本书的主题：第 16 篇谈论 π，第 28 篇讨论 0，

第 42 篇讲述 e，稍后的第 94 篇将探讨 i。但话说回来，欧拉是怎么发现这个公式的呢？

要理解欧拉这个公式，我们需要知道几个数学函数。复杂的表达式有时可以用简单的和式来逼近，这个事实扮演着很重要的角色。我们举一个例子：如果一个数 x "足够小"，那么 $1 + \dfrac{x}{2}$ 就可以用作 $\sqrt{1+x}$ 的近似值。比方说，当 $x = 0.02$ 时，$\sqrt{1+x} = \sqrt{1.02} = 1.009\ 95\cdots$，与 $1 + \dfrac{x}{2} = 1.01$ 在数值上非常接近。如果我们需要更精确的近似，我们可以给 $1 + \dfrac{x}{2}$ 添加一个 x^2 项，再有必要的话还可以添加 x 的三次方项[①]。

现在，我们感兴趣的是指数函数。对指数函数 e^z，人们可以从如下公式中取两项、三项乃至更多项来逼近：

$$1 + z + \frac{z^2}{2!} + \frac{z^3}{3!} + \cdots \text{。}$$

这里我们需要重申一下 n 阶乘的意思，它是从 1 到 n 所有自然数的乘积。由于逼近的误差随着所取项数的增加而越来越小，我们可以得到：

$$e^z = 1 + z + \frac{z^2}{2!} + \frac{z^3}{3!} + \cdots \text{。}$$

而对于正弦函数和余弦函数，我们也有相似的公式：

$$\sin z = z - \frac{z^3}{3!} + \frac{z^5}{5!} - \frac{z^7}{7!} \pm \cdots \text{，}$$

$$\cos z = 1 - \frac{z^2}{2!} + \frac{z^4}{4!} - \frac{z^6}{6!} \pm \cdots \text{。}$$

现在，如果我们用 ix 代替以上公式中的 z，我们就得到：

$$e^{ix} = 1 + ix + \frac{(ix)^2}{2!} + \frac{(ix)^3}{3!} + \cdots$$

$$= 1 - \frac{x^2}{2!} + \frac{x^4}{4!} - \frac{x^6}{6!} \pm \cdots +$$

$$i\left(x - \frac{x^3}{3!} + \frac{x^5}{5!} - \frac{x^7}{7!} \pm \cdots\right)$$

$$= \cos x + i\sin x \text{。}$$

对以上公式中的 x 取一个特别的数值：$x = \pi$。那么，只要我们记得三角函数的自变量以弧度为单位，我们就不难发现：$\cos \pi = -1$，$\sin \pi = 0$。于是，我们得到 $e^{i\pi} = -1$，而这本质上就是欧拉公式！

---

① $\sqrt{1+x} = 1 + \dfrac{x}{2} + \dfrac{x^2}{8} + \dfrac{x^3}{16} + \cdots$。——译注

056 第一次犯难
根号 2 与无理数

　　我们曾经说过，可以用分数表示的数称为有理数。有理数具有根本的重要性，这样说是基于以下两个理由：首先，它们的数量非常多，并且极为稠密地分布在所有数之间，使得每一个重要的数都可以很好地用有理数来逼近。例如，在计算一处圆形地块需要播撒多少种子时，以 314/100 作为 π 的近似值就已足够精确。

　　其次，有理数使用起来很容易，我们完全可以向小孩子解释清楚 5/11 所表达的意思。古希腊的毕达哥拉斯学派甚至认为，算术和几何问题中所有的数都是有理数。尽管这并不正确，但他们仍然可以根据这种思想描述很多重要的现象。例如，毕达哥拉斯学派的音阶系统所依据的是：和谐的乐音关系可以用简单的比例来描述[①]。

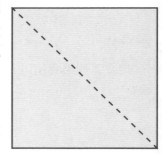

　　因此，当他们发现非常简单的关系中竟然会出现不是有理数的数量时，引起的震撼是多么的强烈！这种不是有理数的数称为"无理数"。毫无疑问，最著名的无理数是 2 的平方根——后来通常记为 $\sqrt{2}$。它是边长等于 1 的正方形的对角线长度，任何学习或应用几何学知识的人都无法避开它。

　　证明 $\sqrt{2}$ 是无理数并不是一件轻而易举的事，大量的计算乃至计算机都无济于事。因为，证明 $\sqrt{2}$ 不能用不超过一百万的分母和分子来表示，并不能排除更大的分母和分子的可能性。

图 73　边长为 1 的正方形对角线长度为 $\sqrt{2}$

　　解决的办法是采用间接证明的手段，这种办法甚至连福尔摩斯也经常使用：假设某陈述 A 是正确的，而这将推导出陈述 B 也是正确的。然而，由于事实上 B 是错误的，所以结论只能是：原先的假设不正确，即 A 必定是错误的。

　　这样的办法对证明 $\sqrt{2}$ 是无理数同样适用，具体的做法我们将在下一个小节给出。

　　这个证明还有一个相关的故事：在发现了 $\sqrt{2}$ 确实是无理数之后，毕达哥拉斯学派的

---

① 参见本书第 26 篇。

成员集体宣誓保守这个秘密。而事实的发现者希帕索斯，则因为动摇了数学的根基而被杀害。

为什么$\sqrt{2}$不能表示成分数？

$\sqrt{2}$是一个平方等于2的正数，我们先做一点计算，来考察这个数值的大小。首先，1.4的平方等于1.96，这个数小于2，所以1.4比$\sqrt{2}$小，即$\sqrt{2} > 1.4$。相似地，1.5的平方等于2.25，所以$\sqrt{2} < 1.5$。

用计算器可以做更多的计算，找到更接近于$\sqrt{2}$的数。在实际应用中，取 = $\sqrt{2}$ 1.414213562几乎总是足够精确的。然而，它仍然只是近似值而不是准确值，因为它的平方

$$1.414\ 213\ 562 \times 1.414\ 213\ 562 = 1.999\ 999\ 998\ 944\ 727\ 844,$$

还是比2差那么一点点。

对$\sqrt{2}$是否可以用分数来表示的探索发生于2000多年以前[①]。以下证明只用到这样一个简单的事实：奇数的平方是奇数，偶数的平方是偶数。

证明采用我们前面提到的间接办法：首先，我们假设$\sqrt{2}$可以用分数表示。接着，我们从这个假设出发进行推导，并最终推导出谬误。（就像福尔摩斯的推理：如果杀人犯从厨房离开现场，那么他必定会被厨师们看到。但是，所有厨师都没有看到他，所以结论必然是：杀人犯从另外的路线逃离现场。）

现在，为讨论方便，我们用字母r来记$\sqrt{2}$，并假设它可以用自然数p和q的商来表示，即$r = p/q$。我们不妨假设，p和q之间的公因数已经被约掉。因此，它们不可能都是偶数。换句话说，p与q中至少有一个是奇数。

由$r = p/q$，我们得到$p = rq$。将等式两边取平方，则有$p^2 = r^2 q^2$。从r的意义我们知道，$r^2 = 2$，从而有$p^2 = 2q^2$。这样一来，p^2是一个偶数，所以p也必须是偶数。由此，我们可以把p写成$2k$。把p的这种表示代入$p^2 = 2q^2$，我们得到$4k^2 = 2q^2$，即$2k^2 = q^2$。这说明，q也是偶数。但是，这是不可能的：我们早就假定p、q之间的公因数已经约去，但现在却推导出它们都是偶数！

上述谬误证明，$\sqrt{2}$不可能写成分数，无论用多大的分子和分母都不可能，再过一万年也不可能。

---

① 每一个有限小数都可以表示成分数，例如，1.41可以表示成141/100。因此，不能表示成分数的数必然不能表示成有限小数。

057 数学有时需要运气？
P 与 NP 问题

本篇要谈论的，是一个悬赏金额高达 100 万美元的问题。

作为前期准备，我们先来考虑解决问题的过程的分类。所有人都知道，加法比乘法容易。更准确地说，如果考虑参与运算的数字的位数，那么，要计算两个 n 位数字的和，我们需要的基本上就是 n 次加法。而如果要计算两个 n 位数字的积，则需要 $n{\cdot}n$ 次乘法运算[①]。更复杂的问题，例如求解方程组，则需要 $n{\cdot}n{\cdot}n$ 步，乃至更多的运算。通常，我们说一种算法需要"多项式时间"，如果它需要的计算步骤最多是 n 的某个次方，即 n^r。这里，r 是一个固定的数，而 n 表示问题之输入的规模。

可以用"多项式时间"算法解决的问题通常被认为是"容易"解决的。这是因为，在计算机的帮助下，只要输入规模不是大得惊人，这种问题都是可以得到解决的。但是，还有许多问题，它们似乎远为困难。最著名的问题之一是所谓"推销员问题"，它要求解的是连接 n 个点的最短路线[②]。

在这类"难题"之中，有些可以用聪明的猜测，或者说靠好运气来解决。例如，寻找超大数的因数是一个很困难的问题，但如果我们猜中一个因数，证实这个猜测的验算却是容易的。

没有人相信上述这类问题是容易的，因为它所需要的运气，类似于一生中每周都猜中乐透大奖的号码。然而让人难堪的是，至今没有人能够证明：为了得到问题的解答，这样的运气是否事实上是必不可少的。在过去的几十年中，很多专家都努力尝试着解决这个问题。而从 2000 年开始，任何解决这个问题的人都可以获得 100 万美元的奖金。但是，在你拿出纸笔之前你应该知道：一些世界一流的数学家在这个问题上已经白白耗掉了他

---

① 两个 n 位数相加，从根本上说，只要将它们的个位数、十位数等分别相加。但如计算两个 n 位数相乘，那么两个数所有的位数之间，都需要交叉相乘。再换个例子：两个 n 次多项式相加，只要做同类项合并，但相乘则需要计算两个多项式各项之间的相乘。——译注

② 参见本书第 32 篇。

们的大好青春。

我们强调一下，这个问题之所以引起人们的兴趣，原因之一是它的答案对当前密码体系的安全性具有巨大的影响。

P 与 NP 究竟是什么？

为了理解这个问题，我们需要对几个术语加以解释。

什么是 P 问题？

要计算两个三位数的和，我们需要做三次基本的加法运算。一般地，对两个 n 位数求和需要做 n 次加法。按通常的算法做乘法则要复杂得多：我们需要做 $n·n$ 次乘法运算，然后再做一些加法运算。事实上，这样的乘法大约需要 $2n^2$ 次基本运算。一个问题，比方说是"求和"或"求积"问题，如果参与计算的数是 n 位数时，其求解时间（可以用基本运算的次数来衡量）不超过某个固定的多项式 cn^r，那么它就是一个可以在"多项式时间"内解决的问题。由于 P 是"多项式"（Polynomial）的第一个字母，人们就说这类问题是"P 类"的，简称为"P 问题"。例如，如果一个输入为 n 位数的问题总是可以用少于 $1000n^{20}$ 次基本运算解决，那么它就是一个 P 问题。

众所周知，P 类问题在不长的时间内可以用一台计算机解决[①]，所以被认为是"相对简单的问题"。

什么是 NP 问题？

然而，有些问题的解决方法极其复杂。以推销员问题为例，如果其旅行路线上有 n 个城市，那么就有 $1×2×3× \cdots ×n$ 条可能的路线[②]。因此，要确定不超过给定里程的最优路线的存在性，计算量上限的数量级是 $1×2×3× \cdots ×n$。无论给定的 c 和 r 有多大，这个上限都不可能用 cn^r 来表示。

但是，如果我们很幸运地猜中一条路线，那么问题很快就能得到解决：验证它的总长度不超过给定的里程数是非常容易的事情，需要的不过是 n 次加法运算。

一般地，如果依靠猜测和运气，一个问题可以在多项式时间内得到解决，那么它就称为是 NP 的。这里，NP 是"非确定的多项式"（Nondeterministic Polynomial）的缩写。

至今为止，没有人能够证明 NP 类问题与 P 类问题有所不同，这通常被认为是令学术界难堪的事情。最让人感到兴趣的问题之一是："寻找整数的真因数"的问题是不是

---

① 这应该仅仅被看成是粗略的准则。事实上，如果输入是一个五位数，而问题需要 $1000n^{20}$ 次基本运算，那么总运算次数将接近 10^{17}，这是计算机无法应付的。

② 参见本书第 32 篇，该篇还有关于 P＝NP 问题的讨论。

一个 P 类问题？（我们前面已经提到，它是一个 NP 类问题。）在本书的第 23 篇中我们说过，当前密码体系的安全性，依赖于这个问题的答案。

对"P = NP"问题的正确解答，克莱数学研究所将提供 100 万美元的奖金，详情可查看 http://www.claymath.org 网站。

058 32 岁生日
十进制与其他进位制

只有用最合适的角度去考察，问题才能够得到最好的理解。这句话对于数学肯定是正确的。数学的很多努力都用于提供其考察对象各种不同的表达形式，这样，当面对一个特定的问题时，人们才能够选择一种合适的方法。

我们以整数为例。我们很习惯于用熟悉的十进制系统来书写数字。这就是说，我们以指出它有多少个一、多少个十以及多少个百等等的方式来表述一个整数。因此，405 就是"四个百加上零个十再加上五个一"的简写。

这是一个非常有用的表述系统，它使复杂的数字运算简化成加法和小小的乘法表，而小学里很多时间讲授的其实就是这些内容。

但是，为什么我们采用十进制？原因很显然，没有别的，就是因为人类连大拇指在内，总共长着十个手指。有些文化曾经使用过十二进制，那种数字体系需要 12 个数字符号（我们姑且记为 0、1、2、3、4、5、6、7、8、9、A、B），而一般的数则用 12 的各个次方（的和）来表示。现在的我们会觉得这种体系很怪异，但它拥有自己的优点。具体地说，就是 12 的因数比 10 多，因而需要用分数表示的情形比较少。

现在，除了十进制外，只有二进制和十六进制是使用广泛的另外两种体系，而它们的使用都与计算机有关。一个二进制数字，它的每个数位上都只是 0 和 1 两个数字中的一个。换句话说，一个二进制数是用一串 0 和 1 组成的序列来表示的。而计算机的电子环境中，"高电压"和"低电压"，或者"开"和"关"，是最容易实现和相互区分的信号。正因此，计算机最方便处理二进制数字。而连续的 4 个二进制数位可以结合而构成 1 个十六进制的数位，所以十六进制也广泛使用于计算机领域，它可以很方便地用简短的形式记录二进制数。

例如，如果把 50 转化成十六进制数字，那么它就成为 32，表示 3 个十六再加上二 [①]。

---

① 就像十进制中右起第二位数表示 10 的个数一样，十六进制数字的右起第二位表示其 16 的个数。由于 50 = 3 × 16 + 2，是 3 个 16 再加上 2，所以十进制的 50 在十六进制中写成 32。——译注

50 岁生日可以写成第 32 个生日 [①] 吗？没什么不可以，关键是看问题的角度。

国家新馆的喷泉

在柏林国家艺术馆新馆里，三进制数被以艺术的形式呈现出来。在位于馆内的一个院落中，美国极简主义艺术家沃尔特·德玛利亚，以三个不同形状为一个组合，建造了一个这种组合的阵列（图 74）。如果我们把它解读成三进制数字体系的话，那么它的每一列有三个组，可以表示从 0 到 3×3×3 − 1，共 27 个数字。

数制之间怎么转换？

如果哪一位想把自己的生日或者其他什么数字转换成十六进制数，那么他或她可以采用如下算法——我们用例子说明，以十进制数 730 为例。

图 74 三进制的 27 个数

第一步

将要转换的数除以 16，然后首先考虑它的余数。在我们的例子中，730 除以 16 得到 45，外加余数 10。我们补充一点：十六进制的每个数位有 16 种可能的数字，因此需要 16 个数字符号，通常采用 0、1、2、3、4、5、6、7、8、9、A、B、C、D、E、F 表示。回到我们的例子，余数 10 是十六进制中个位上的数字，因此，转换结果的个位数，也就是最右侧的数位上就是 A。

第二步

现在考虑上一步得到的商，即 45。我们继续将它除以 16，所得的商为 2，余数为 13。这里的余数表示的是转换结果中 16 的个数，它是结果中右起第二个数位上的数字。对照上一段列出的通用记号，它应该记成 D。

上述步骤需要继续进行下去，直到所得的商小于 16 为止。而最后这个商数，就是转换结果中的最高位数。在我们的例子中，2 已经比 16 小，因此我们在第二步之后停止运算，并得到转换结果：730 转换成十六进制数，所得结果是 $2DA_H$。这里，我们的记号中下角标了一个"H"，它是"十六进制"（hexadecimal）的西文字头，表示这个表达式是十六进制。这样的进位制符号是很重要的，它可以避免对数字的误读。例如，把十进制的 50 转换到十六进制，所得的结果应该记成 32_H。这个转换结果中没有出现 A、B、C、D、E、F 中的任何一个，把 50 岁生日写成"第 32_H 个生日"，才不至于产生误会。

---

① 抠字眼地说，50 周岁生日是"第 51 个生日"。然而，西方人说"第 50 个生日"，因为事实上他们所说的"生日"是"出生周年纪念日"，是中文翻译导致了语义的含糊。——译注

059 布丰伯爵的针
圆周率的投针算法

现在，我们要把时间倒回 250 年，并且把地点设定在法国。在那个时间和地点，科学在社会上受到普遍的尊崇。很多贵族都对科学和数学的最新进展怀有浓厚的兴趣，不少人还做出了原创性贡献。除了马厩之外，志趣高雅的贵族还会建设一个科学实验室，并且欢迎任何科学家的来访。

图 75 博物学家布丰

这种热衷于科学的贵族之中，有一位的名字叫作乔治－路易·勒克莱尔。他就是布丰伯爵，生于 1707 年，于法国大革命的前一年，即 1788 年去世。他百科全书式的无数著作汇集了当时已有的知识，但现在却已经几乎被完全忘却。不过，因为一个著名的实验，他的名字在数学史上留下了永久的印记。

设想有一个画着很多距离相等的平行线的平面，比方说放在桌面或松木地板上的、打好横线的白纸。现在，我们把一根针抛向空中，让它自由地落到这个平面上。不管你信不信，我们事实上都可以计算出针与横线之一相交的概率。更让人吃惊的是，这个概率与圆周率 π 有关！这种关联提供了计算 π 值的一种出人意料的实验性方法：我们只需要把针投出足够多的次数，统计它与横线相交的次数，就可以相当精确地算出那个概率的数值。

布丰描述的这个投针实验，以"蒙特卡洛方法"[①]之名，出现在几乎每一本数学书中。根据对偶然结果的统计，人们可以计算积分，还可以解决许多其他问题。当然，现在的人不会真的去做投针实验了，使用计算机，我们可以在一瞬间进行百万次模拟随机试验。

非常可惜的是，现在的科学已经太过深奥，有钱并且有闲的人，再也不可能像布丰伯爵那样利用他们拥有的财富了。

---

① 参见本书第 73 篇。

投中直线的概率

采用合适的观察问题的角度，我们就可以推导出投针实验中的概率与 π 的关系。

为了开始我们的推导，我们需要引入一些记号：我们将平行横线间的距离记为 d，将针的长度记为 l。为了确保我们的针最多只能投中一条横线，我们假定 l 小于 d，如图 76 所示，

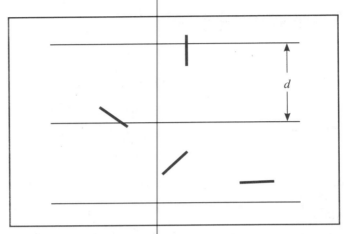

图 76　投针实验的场景

现在，我们请出概率。想象一个边长分别等于 90 和 $d/2$ 的矩形，并把它画在直角坐标系的第一象限。矩形内的每一个点都可以用两个数 α 和 y 来表示，其中 α 在 0 与 90 之间取值，而 y 的值则介于 0 和 $d/2$ 之间。

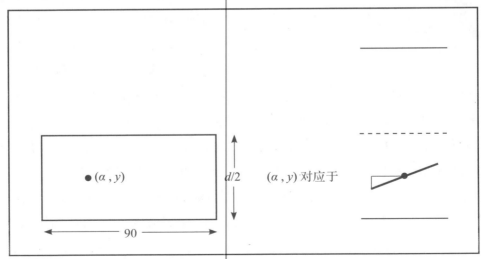

图 77　一次随机投针对应于矩形中的一个点

这样，α 和 y 可以用来表示一次投针试验。如图 77 所示，我们用 y 表示针的中点到距离最近的横线的距离，用 α 表示针与平行线之间的夹角。当 α 很小时，针与横线之间几乎平行，而当 $\alpha = 90$ 时，针与横线则相互垂直。针与横线间准确的关系可以用初等三角来描述：只有当图中三角形竖直边的长度大于 y 时，针才会投中横线。然而，这条竖直边的长度除以 $\dfrac{l}{2}$ 等于 α 的正弦。因此，针与横线之一相交的条件恰好就是 $\dfrac{1}{2}\sin\alpha > y$。不难发现，图 78 中的深色阴影部分就是使这个不等式成立的点 (α, y)。

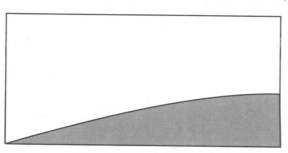

图 78 阴影部分表示"投中"

由于投针与矩形中的点相对应，我们可以用在矩形中随机选择点来替代投针试验。这样，投中横线的概率立刻就可以从图 78 中读出来：它是阴影面积与矩形面积的比值。阴影面积可以被计算出来[①]，我们因而可以得到：投中横线的概率等于

$$\frac{2l}{\pi d},$$

这个式子看起来很合理，概率随 l 的增加而增加，随 d 的增加而减小。

理论说得有些多了，现在我们来看看怎么用实验来计算 π！我们的针长为 10 厘米，平行横线之间相距 20 厘米。我们投针 1 000 次，并统计针与横线相交的次数。假设，我们的统计结果是 320 次。那么，我们可以用统计结果来估算概率 P：它应该大约等于 $320/1\,000 = 0.32$，即 $0.32 \approx 2 \times 10/(20 \times \pi)$。从这个等式中求解 π，即有

$$\pi = \frac{2 \times 10}{20 \times P} \approx \frac{2 \times 10}{20 \times 0.32} = 3.125。$$

这就是说，投针试验让我们估算出 $\pi \approx 3.125$。实话说，这个数值并不是很好的 π 的近似值。但是，想得到更好的数值并不困难，我们只需要进行更多的投针尝试。

---

① 求阴影面积需要积分，我们不在这里作详细介绍。概率表达式中出现 π，是因为计算面积时角度的单位是弧度。

060 "退火"与最优化
退火的模拟与推销员问题

不久以前，数学世界之外的一个技术术语进入了数学领域。"退火"是玻璃制作行业中的一个术语，它是让玻璃逐渐冷却，使之增加硬度而不易碎裂的过程。

在数学中，"模拟退火"成为解决困难的最优问题的一种普适性方法。其基本思想是，寻找适当的参数值使得目标数量达到尽可能大的数值。比方说，我们问题的参数是经度和纬度，目标是寻找某个地区的最高海拔。（当然，我们也可以寻找最低海拔。）再比如，假如我们的目标是化合物的某种特别性能或发动机的最佳效率，则我们就要寻找化学反应中各种化学物质的比例，或是发动机的一组参数值。

解决这类问题的传统方法是求解微分方程组。但是，由于参数与目标函数之间的关系并不很清楚，或者由于问题过于复杂而难以进行具体计算，这种传统方法经常无法取得成效。

面对这些困境，模拟退火算法颇有其用武之地。这种算法可以用我们的第一个例子来加以解释，在这个问题中，登山者在起伏的山峦之间寻找最高点。假如整个攀登过程中大雾弥漫，那我们怎么找到最高点？只要一直向上攀登吗？那不行，因为我们最终登上的可能只是群山中某个小山丘的顶点，最高峰其实在另外的山顶。我们的做法是：大部分时间都向上攀登，但不时也有意地向下走一小段。这种办法给我们发现真正顶峰的机会，我们需要确保的是：到达顶峰后不会再走开。而这因为如下的事实而得以实现：随着时间的推移，探索过程中向下行走的行为将逐渐减少直至消失。这个例子，就是模拟退火算法的一个类比。

对于其他的问题，逼近最优解的方法是相似的。只不过我们不再是在旷野中漫步，而是在参数世界里寻觅。如果参数的数值范围不太大，而我们有足够的计算时间，那么我们就能够解决我们所面对的最优问题。

推销员问题

最优问题通常都可以用旅行问题来类比。作为例子，我们再次来讨论第32篇中的推销员问题。假设推销员需要走访的城市有20个，我们要寻找的是不重复地走访所有城市的路线中最短的一条。为方便讨论，我们把这些城市用1，2，…20来标记，它们的一个排列就代表一种路线。因此，

6，1，19，2，15，12，3，5，20，11，16，10，7，13，8，4，9，17，14，18

表示的是一条从6号城市开始，先经过1号城市，然后19号城市……最后到达18号城市，然后再返回6号城市的环形路线。

可能的旅行路线多得惊人。用基本的组合数学知识（参见本书第29篇），我们可以计算出，可能的路线多达 2 432 902 008 176 640 000 条。显然，用计算机对每一条路线的里程进行计算是不现实的[1]。应用模拟退火算法，我们可以把每一条路线都看作起伏山峦间的一点，而路线的里程则是它的海拔。而我们现在的目标，是寻找海拔最低的点。

登山需要从某个点开始出发，应用模拟退火算法，我们也需要选择一条路线作为算法的起点——我们就选择刚刚的例子，即（6，1，19…），来作为算法的开始。接下来，我们在路线中随意选择两个城市，交换它们在路线中的位置。例如，我们交换5和19的位置，得到

6，1，5，2，15，12，3，19，20，11，16，10，7，13，8，4，9，17，14，18

如果这种交换得到一条比原来更短的路线，那我们就继续进行这个过程，再选择两个城市进行互换。否则，我们就放弃这次互换，回到上一条路线。然而，我们还需要增加一条规则：以一定的频率接受里程变长的互换，并且在计算过程中让这个频率逐步变小。这样做可以确保我们不陷入局部最低点（局部最低点只是一个凹处，不是整个区域的最低点）。

我们来考虑一个具体的、使用模拟退火算法的例子。20个城市标示于图79中的左侧图中，两个城市间的距离等于图中代表它们的两点间的"直飞"距离。（当然，也可以使用驾驶里程或者机票价格，但那是不同的问题。）然后，用随机函数替我们选择一条初始路线，如图79中右侧图。

---

[1] 根据目前一般计算机的计算能力，假设一台计算机每秒可以计算 1 000 000 000 条路线，则计算机77年才能完成所有路线的计算。——译注

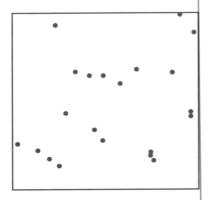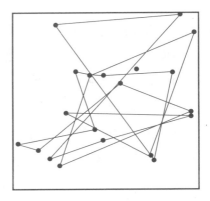

图 79 城市及初始路线

现在，我们开始使用模拟退火算法。如上所述，它搜索当前路线的修正，但通常只接受总里程变短的结果。经过几毫秒的计算，计算机找到了图 80 的路线。

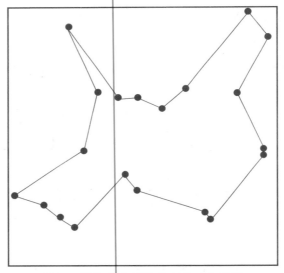

图 80 模拟退火算法找到的一条路线

这条路线看起来很令人满意，总里程比它短很多的路线似乎没有什么存在的可能。

我们必须指出，没有人能够确认，算法得到的结果究竟是不是最优结果。要确认这一点的话，我们需要更多的计算，以及更复杂的数学理论。

061 到底谁逃票？
抽屉原理与存在性的非构造性证明

在数学中，人们有时能够严格证明存在具有某种特定性质的对象，却不能给出任何一个具体对象的例子。这种形式的证明，就称为"存在性的非构造性证明"。

作为例子，我们来考虑"存在着无穷多个素数"这一经典定理，根据这个定理，显然存在长达100万亿位的素数[①]。然而，人们远远没有能够找到这么大的素数。目前人类已知的最大素数"只有"几百万位数字[②]，而且我们判断，这种局面在几十年内不会出现翻天覆地的变化。

即便真的可以找到例子，从存在性得到证明到找到具体的例子，也往往是一个漫长而痛苦的过程。例如，根据集合论创立者康托的证明，绝大部分的数都是"非常复杂的"的数，或者说是超越数。然而，数学家们经过很艰苦的努力，好不容易才找到一个具体的例子。（而证明某些著名的数是超越数则更不容易。仅凭对 π 是超越数的证明，就足以让林德曼在数学的殿堂中占据一个位置。详情可参见本书第 48 篇。）

有人也许会想，现实生活中不会出现相似的情形，但这种想法是不正确的。要找一个这样的例子，我们只需要走进附近的爵士乐俱乐部就足够了。在那里，100 个顾客正随着音乐的节拍跳舞。但是，前台的服务生却发现，他只收到 90 张门票的钱。这意味着什么？大家都明白，有 10 名顾客没有付钱却溜进了俱乐部！问题是，你能发现哪怕是一位没有付钱的顾客吗？

抽屉原理

在数学证明中，有一种重要的工具称为"抽屉原理"，它经常用来完成非构造性的存在性证明。

想法其实很简单。如果一个梳妆台有 n 个抽屉，而它们被放入不止 n 个球。那么，

[①] 关于素数有无穷多个的相关内容，请参阅本书第 4 篇。

[②] 目前已知最大的素数是一个 2486 万位的梅森素数，参见本书第 54 篇。——译注

至少有一个抽屉，里面会有至少两个球。对这个结论我们深信不疑，而我们不需要打开抽屉，也不知道哪个抽屉里有不止一个球。

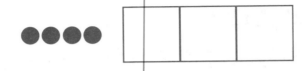

图 81 将五个球放进三个抽屉，至少有一个抽屉会有两个球

即使从来没有把多于 n 个球放进 n 个抽屉的经历，你也不会对这个结论有丝毫的怀疑。比方说，你把三条手帕塞进你的两个裤兜里，那么至少有一个裤兜里会有不止一条手帕。

那么，人们怎么证明抽屉原理呢？出人意料地，这个结论不能直接证明。它必须用逻辑学中称为"否定证明法"的方法来证明。福尔摩斯很喜欢采用这种方法：如果 X 先生不是罪犯，那么 Y 小姐必然会看到他。但是 Y 小姐并没有看到 X 先生，所以他必然是罪犯。

对我们的情形，具体论证是这样的：如果每个抽屉里最多只有一个球，那么所有抽屉里球的总数就不可能超过 n 个。但是球的总数确实超过 n 个，所以，"每个抽屉里最多只有一个球"这句话就不可能是正确的。

抽屉原理的典型应用大概是这样的：你被给予11个随机选择的自然数，那么它们之中至少有两个的尾数是相同的。我们想象有编号为 0，1，2，…，9 的十个抽屉，然后把那 11 个数放进以其尾数为编号的抽屉。然后，应用抽屉原理就万事大吉了。

我们也可以这样想：你有不止 n 只鸽子，却只有 n 个鸽笼。那么至少有一个鸽笼，里面至少入住两只鸽子。正因为这种比方，"抽屉原理"在英语里又称为"鸽笼原理"。读到这个称呼时我不禁想：谁给起的这个名字？他该是个鸽子迷吧？

图 82 抽屉原理又称为鸽笼原理

062 统计能做什么？
统计与质量控制

即使是在严肃的报纸上，也几乎每天都会刊登关于最新统计发现的消息。例如，专家发现数学家比物理学家长寿，骑自行车比步行危险，诸如此类。

这些结论都是哪里来的？统计究竟能够告诉我们什么？事实上，真相通常并没有那么夸张——我们来考察一个具体的例子。

假设你去你最喜欢的游戏商店，从那里买了一对新骰子。售货员向你保证说，每个骰子都制作得非常均匀。回家之后，你试着投掷这些新骰子，却发现其中一个总是投出三点。那么，这个骰子是不是有问题？你是不是应该去商店换一个？

图 83 出现这种情况是不是很奇怪？

上述问题并不容易回答，因为概率虽然极为微小，正常的骰子还是有可能连续 100 次掷出 3 点。然而，由于我们不预期非常不可能发生的事件会发生，所以我们用如下的办法来作出判断：在测试骰子之前，选择一个在 100 次连续投掷时发生概率非常大的（比方说 99%）的结果集 M。例如，M 可以是由"出现 3 点的次数不超过 40 次"来描述的结果集。然后，如果你的新骰子在 100 次中掷出 100 次 3 点（甚至只是 45 次），那么，你就可以认为那个骰子是有问题的。这时，你的"骰子有问题"的判断虽然还是有可能出错，且出错的概率毕竟很小，小于 1%。

用数学术语来说，这是使用"置信区间"和"零假设"进行统计分析。但无论如何，作出判断的基本想法永远是："相信小概率事件不会发生"。

对骰子作出什么判断都不会有什么危害，但有些可靠性问题则事关重大。某种新药的药效，因为生活在风能发电机附近而得癌症的概率，吸二手烟的危害等等，都使用相同的原理进行统计估计。

很不幸地，统计学专家们准确而谨慎的陈述，经常消失在记者与专栏文章之间的某个环节中。当然，出现这种现象的原因并不难以发现：以良好的意愿和可信度陈述的内容通常不构成吸引眼球的新闻。

我需要更换供应商吗？

我们来看一个应用统计方法的实际例子，假设你是某无线电产品生产厂家的采购员，你购买的一批共 1 000 个晶体管刚刚到货。你的问题是：这批货是否象供应商所说的那样，次品率小于 3% 呢？

当然，逐个测试这批晶体管也算是一个办法。但是，首先这会耗掉太多的时间；其次，测试过程经常会烧坏晶体管。所以，你决定测试 20 只晶体管，而结果是：出现两只次品。

现在，你采用下述考虑问题的方式：如果次品率真的不超过 3%，那么我刚才的测试结果有多少出现的可能性？你于是画了个图表，列出在次品率为 3% 的条件下，20 只晶体管中出现 0、1、2、3、4 只次品的概率：

次品数	0	1	2	3	4
概　率	0.55	0.33	0.10	0.02	0.003

从表中可以看到，20 只晶体管出现 2 只次品的概率是 10%。

这并不是一件非常不可能发生的事情。所以，你没有足够的理由退回这批晶体管。但如果出现 4 只次品，那就非常值得警惕。当然，这也不是不可能发生的事，因为按 3% 的次品率，1 000 只晶体管里大约会有 30 只次品，很凑巧的话，在 20 只测试样品中 4 只次品也是可能的。但是，以其 0.3% 的低概率，可以认为其真正发生是相当不可能的，因而可以拒绝"次品率最多 3%"的说法。

不信任的水平是可以数量化[①]的，我们对没正面打过交道的新供应商应该有更多的疑虑，一个并非很不可能的结果就可以让你做出退货的决定。但如果对方是供货多年而且信誉很好的合作伙伴，那么只有极端不可能的事件才足以让你怀疑对方的商品质量。

---

① 术语是"置信区间"。

063 套利原理
金融行业中的套利、期权与无套利定价

在金融数学中有一个关键词汇叫做"套利"。关于这个术语，我们需要知道两点，首先需要知道的是它的定义。所谓"套利"，指的是在没有资金投入、并且也没有风险的条件下获得收益的可能性。例如，如果 A 银行以 0.9 欧元一美元的价格出售美元，而 B 银行以每美元 1.0 欧元的价格购入，那么你应该尽快从某个地方借来 900 欧元。你用这笔钱从 A 银行买入 1 000 美元，以 1 000 欧元的价格卖给 B 银行，然后立刻归还所借的 900 欧元。这样，你很快就可以挣到 100 欧元。当然，能借到 9 000 欧元就更好了。总之，套利就像是只下金蛋的鹅。

很不幸，关于套利我们需要知道的第二件事是：世界上没有这样的好事！这条金融数学原理等价于我们熟知的谚语："世上没有免费的午餐。"不过，这条原理并不像物理学的原理那样一定严格成立。例如，如果香港的汇率与法兰克福的汇率出现一点点不同，那就会出现大量外汇的流动，以利用这个套利的机会。汇率差别的点数可能很微小，但数十亿欧元的外汇流动带来的收益也很可观。当然，对你我而言这不是致富的途径，相比之下银行所收的费用会更多。

好了，现在我们开始谈数学。就像牛顿的运动定律或热力学第二定律是物理学原理一样，"没有免费午餐"是金融学的基本原理，它被用来作为所有期权定价的依据。因为期权能为极高的风险提供保险，这种投资形式越来越重要（更多内容请参考本书下一篇）。在期权交易中，套利原理扮演着重要的角色：任何一种期权的价格，只有当它达到某个特定的价位时，才不会出现套利的机会。因此，期权的价格就可以依套利原理而确定。

几年前，一种相关的计算模型被授予诺贝尔奖[①]。这个模型相当复杂，它是布莱

[①] 指 1997 年的诺贝尔经济学奖，获奖者是哈佛商学院教授罗伯特·默顿（Robert Merton）和斯坦福大学教授迈伦·斯克尔斯（Myron Scholes）。布莱克-斯克尔斯模型是获奖者之一与其已故同事费雪·布莱克（Fischer Black）在 20 世纪 70 年代共同提出的。——译注

克－斯克尔斯期权定价模型的发展，在期权定价问题上起着关键的作用。

套利与"自然定律"

物理学中有一些定律，例如力等于质量乘以加速度。金融数学的情形也一样，"套利不存在"就是它的一个定律。应用这个定律，人们可以获得新的金融学成果。

我们举个例子。假设有一只一年期的基金，到期100%保证[①]返还100 000欧元。那么，我应该为这只基金付出多少钱？

假设我可以以4%的年利率借到贷款[②]。套利原理告诉我们：这只基金的价值是100 000/1.04 = 96 154。理由如下：

- 如果这只基金售价比96 154低，比方说90 000。那么，在这种情况下，我可以向银行贷款90 000欧元来买这只基金。一年之后我收到100 000欧元。还给银行90 000欧元本金，外加一年利息90 000 × 0.04 = 3 600欧元，还剩6 400欧元的收益。这是完全没有风险的，套利！但是套利是不存在的，所以，没有人会以90 000出售这种基金。对所有低于96 154的价格，情况也都一样。

- 那么，如果这只基金的售价高于96 154欧元呢？比方说，98 000欧元？这时，我就可以售出这种基金。我的顾客以98 000欧元购买，我把96 154欧元存入银行，无风险地获得98 000 － 96 154 = 1 846欧元，套利！我可以轻易地兑现对我的顾客的承诺，因为在一年之后，我存在银行里的钱已经变成100 000欧元，我可以用它来付给我的顾客。由于基金定价高于96 154欧元时存在套利，所以这个价格不可能出现。

所以说，这只基金的价格是确定的，就是96 154欧元。这个价位使套利不会出现，因而是唯一公平合理的定价。

---

① 国内基金的收益通常高于银行利息，原因是它们从来没有"100%保证"的承诺。换句话说，更高的收益率与（较小的）风险相伴。——译注

② 同时假设一年定期存款利率也是4%。（译注：这个利率的变化会影响此后的讨论，读者可以自己做些分析。）

064 期权与风险
看涨与看跌

假设你拥有一个葡萄园，每年可以稳定地收获 10 吨葡萄。由于你很熟悉葡萄种植，却完全不懂酿酒，所以你把这些葡萄都卖给一位葡萄酒生产商。

不幸的是，你完全不知道，在收获葡萄的季节，你的葡萄可以卖得多少钱。为了确保合理的收入，你希望能有某种收入的"保障机制"。对你的葡萄，你估算出一个看似合理的售价 P，然后寻找愿意签订如下合同的合作伙伴：你付出一定数额的签约费，在秋天到来时，如果葡萄的市场价格低于 P，该合作伙伴付给你差价。而如果价格高于 P，合作伙伴则不必付出任何东西。

人们每天都进行成千上万这种形式的交易，它们的名称叫"期权"。这种合同的目标是减少甚至消除不确定后果带来的风险，几乎所有的事情都可以用这种方式来保障：葡萄价格、蔗糖、黄金、美元售价、电力、通信公司的股票，等等。期权已经成为一种适合现实需要的商品。例如，你可以到你的银行，购买在 10 月 3 日以 20 欧元每股的价格买入一万股通信公司股票的期权。如果那天的股票价格低于 20 欧元，那么银行会很高兴，因为它知道这时你不会真的以 20 欧元的股价去买入股票。而如果到时股价高于 20 欧元，那么银行会付给你差价，但并不会在乎你是真的购买股票，还是用这笔钱去度假。

数学对这种合同的制订起着关键的作用，因为合同订立者必须知道该合同的价值。要做出这个计算，当然必须时刻记得上一篇讨论过的套利原理。就是说，任何人都不可能从中以零风险获得利益。在输入利率、预计的股市波动、目标售价、合同其他条款等相关参数之后，价格可以被很容易地计算出来。

由于市场上存在无数各种各样的期权，并且每天都有新的期权品种诞生，数学家们有大量的工作可做。大银行雇用数以百计的数学家，大学里则进行着建立更精确的预测模型的研究。

不过，现在我们要提醒读者们：期权交易是非常有诱惑力的，因为运气好的话，投资有可能在几周内翻倍。但有时候形势会反过来，投入的资金很快就亏损殆尽。因此，非专业者也许只应该每周买几张乐透彩票。

看跌还是看涨？

在金融界，英语是理所当然的国际语言。所以，我们下面将对几个常见的英语金融术语作些解释。

如果某个人有意愿出售某种商品，那么他感兴趣的就是"看跌期权"（put options）。以我们前面谈到的葡萄庄园主为例，他必然会与他的银行①达成详细条款：按照合同银行究竟需要付出多少钱（这当然只在葡萄市场价低于合同设定价时会起作用）？这个设定的价格就是成交价。理论上，高成交价意味着昂贵的期权价格。

欧洲与美国看跌期权最重要的区别是"付款原则"。在欧洲看跌期权中，签约终结日期是预先设定的，而合同价格则依赖于特定日期（例如 10 月 30 日）的葡萄售价。美国则不同，所有人都可以在某个时限之前，比如说 7 月底之前，到银行去签订期权合同。如果葡萄价格实在太低的话，人们就会做出这样的选择。

有兴趣购买某种商品的话，相应地就有"看涨期权"（call options）。如果我将在 12 月 13 日需要 5 吨方糖，那么我可以用看涨期权来保障我的购买价格，比方说是每吨 5 000 欧元。如果在 12 月时国际市场上方糖价格暴涨到每吨 6 000 欧元，那么银行将付给我每吨 1 000 欧元的差价。相似地，这种期权在欧洲与美国之间也有区别。同样很清楚的一点是：此时成交价越低，期权就越昂贵。

我们顺便指出，即便用不上 5 吨方糖，我也可以参与它的期权交易。这样的期权交易只是纯粹的投机行为，而事实上，与实际交易有关联的期权交易正变得越来越少。

---

① 葡萄生产者的期权合同通常由银行提供，所以无论前文的"合作伙伴"是谁，签约时面对的都是银行。——译注

065 数学是否与现实世界相符?
公理系统与悖论

　　我们是否在实践"正确的"数学？天真的回答是"YES"，因为，很多数学定律是根据现实经验的模型而建立的，而世界也遵循着我们的数学定律。例如，"不等式可以相加"这条数学定律就与我们的经验完全相符。在超市同时买几件商品，比在专卖店买同样的商品花钱要少一些。换句话说，每件商品都便宜一点的话，多件商品的总价也肯定便宜。

　　把简单的数字换成复杂的对象，答案就不再清晰。例如，我们必须知道关于函数的准确的基本定律，才能够严格证明一个连续函数会在某点取得零值，如果它既有正值也有负值的话。这在所有人看来都非常"显然"，但数学家只有在找到无懈可击的证明后才会心满意足。而对图 84 中的情形，要证明任何从 A 点到 B 点的路径都必然与圆周相交，则是更加困难的事情。

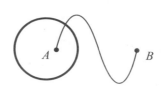

图 84 从 A 到 B 的任何路径都必须与圆相交

　　确实，所有人都"知道"，那种路径肯定会经过圆周上的某个点。但是，这个问题的正确描述与严格证明，直到 150 年前才得以完成。这个问题包含两个方面：第一，连接两个点的路径究竟如何准确地描述？怎样表示路径中没有"断裂"的事实？第二，上述概念得到澄清之后，如何证明路径与圆交点的存在性？

　　有时，在准确地提出问题与令人满意地解决问题之间，人们需要花费很长的时间。纽结理论[①]中有一个著名的例子：每个人都"知道"，无论我们多么聪明，总是存在我们无法解开的纽结。但是，数学界费了九牛二虎之力，才使这个日常经验中的明显事实上升为一个数学定理。

---

① 关于纽结理论可参见本书第 76 篇。

将"显然"的事实公式化并给予数学证明是必要的，因为经验和直觉并不绝对可靠。在我们没有直接感官接触的领域，问题就变得更加微妙。例如，在无穷领域，我们会发现让我们惊骇的定理。比如说，以一种可以严格定义的方式看，矩形一条边上的点，与整个矩形内部的点"一样多"。

此外，在以当代科学来描述宏观宇宙或微观世界的现象时，其必要的数学模型在外行看来是无法理解的。但只有使用这样的模型，人们才能够把握广义相对论中的四维空间，或者量子力学的奥秘。

在这个意义上，数学创造了"正确"而且可以应用的模型，但哪些应该被用作现实世界的模型，通常只有在长期研究之后才会明确。

两倍大的橘子

在对无法直接感知的现象所进行的数学描述中，有些结论会与正常人类智力的预期相符合。然而，有时我们不得不接受超越朴素的日常经验所能预期的结果。今天常用的无穷集合"相等"的概念告诉我们，当我们从无穷集合中移去三个，甚至三千个元素时，它的"大小"并没有变化（参见本书第 78 篇）。

事情还可能更加戏剧化。对于无穷的例子，我们可以安慰自己说，这种悖论的出现，是因为我们关于该领域的基因没有进化好。但是，与非常基本的概念相关的悖论也同样存在，例如著名的巴拿赫 - 塔斯基悖论。这个悖论说，用公众普遍接受的办法，人们可以将一个球体——比方说橘子，巧妙地分成有限个部分，其结果可以拼出一个两倍大的球体（参见图 85）。

严密的分析可以发现，以上"分球怪论"只是看起来不可能而已。使橘子大小加倍的可能性源自于"切割"的方法。这种切法极为曲折零乱[①]，每块碎片的体积都无法衡量。因此，我们不能用碎片总体积不变的理由来加以反驳。

图 85 这是魔术？

当然，如果将来有一天数学方法产生与现实世界不相容的结果，那么，其基础的重建无论如何都将是必要的。

---

① "极为曲折零乱"其实不足以描述这种"切割"方法——它"切割"出来的是"不可测"的碎片，这只有数学理论中存在，在现实世界中是无法实现的。——译注

066 听得见的数学
黑盒与傅立叶分析

本篇的主角是约瑟夫·傅立叶，他在 19 世纪初创立了傅立叶分析。傅立叶的一生经历了法国大革命后的许多社会动荡，他曾跟随拿破仑远征埃及，并且是第一位写作关于埃及历史及文化的科学报告的学者。

现在，傅立叶分析是数学家和工程师使用的基本工具之一，其基本思想是振动现象的简单表示。在本篇中，我们话题的焦点是音乐中的乐音，或者说人类听得见的声音。乐音的"原子"[①] 是各种不同频率的正弦波（图 86）。如果愿意，你马上可以听到这样的乐音。吹一下口哨，你听到的几乎就是一个单纯正弦波。

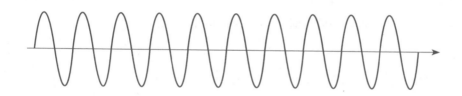

图 86　一段正弦波

傅立叶理论告诉我们，任何给定的波都是不同强度和频率的各种正弦波的叠加。要获得一个乐音，人们可以从一个具有其基本频率的正弦波出发，加上一点两倍频率的正弦波，也许再加上一点点三倍频率，如此等等。

这可以用我们的听觉来验证。一个正弦波叠加上一部分其三倍频率的正弦波，就可以很好地逼近所谓的"方形波"。为了能够听出正弦波与方形波的区别，三倍频率的波必须处在人类听得见的频率范围内。这个范围对普通人而言以 15 千赫为上限。因此，在

[①]　"原子"的本义是"不可细分的"，这里可以理解为"基本元素"。——译注

5 千赫以内，我们可以听出两种波形的差异。

为了验证这一点，你最好有一个频率发生器（也许你有工程师朋友）。也许你有合成器或其他类似的电子仪器？如果有的话，只要选择"正弦"和"方形"两种波形，实验就可以开始了。

如果满足于对傅立叶定理的定性验证，那可以在下次参加聚会时留意别人的声音。男性之间的高音相比女性更容易区分，这是因为，男性声音中有大量人类听得见的泛音[①]，这给我们的耳朵提供了很多分辨它们的机会。

黑盒子

还有一些其他的数学结果，仅凭耳朵就可以至少定性地验证。想象一个你可以输入信号的黑盒子，输入信号在其中以某种形式被处理，此后又被输出。电子爱好者可以想象它是复杂的电路，电子信号在某个时刻被导入，然后在另外的时刻被测量。

我们要求黑盒子具有如下性能：

- 它必须是"线性的"。这就是说，如果输入的强度增加一倍，那么输出同样也必须增加一倍。而如果输入是两个信号的叠加，那么输出必须相同于两个信号单独处理后结果的叠加。

- 它必须是"非时变的"。也就是说，如果我们输入一个波并记录它的输出，那么对同一个波，今天的输出必须与昨天的输出相同。

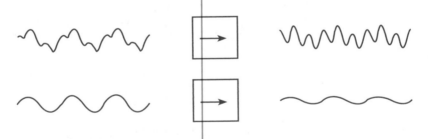

图 87 黑盒子的输入和输出

对电子爱好者来说，这意味着晶体管不可以用（它们是非线性的），黑盒子的设置在实验过程中也不能更改。电路器件仅限于电阻、电容和电感，并且电流不能太大，电压也不能太高。

尽管这种黑盒子涵盖的情形相当广泛，但有一个性质是共同的：正弦波，这种傅立

[①] 粗略地说，泛音是频率与相应基础音频率呈简单倍数关系的声音。——译注

叶分析的基本构件,通过盒子后不会发生本质上的改变。它们的强弱和相位可能发生变化,但其他方面则依然如故。

结果是:一个声学信号过滤器(高通、低通、带通等)如果可以用具有上述性质的黑盒子来描述,那它就不会改变正弦波的特性。如果你向这个信号过滤器吹一声口哨(这很接近正弦波),它输出的将会是同样频率的口哨声。另一方面,如果输入一个唱腔音,那它的特点可能会被完全改变,输出有可能变得沉闷,也有可能变得刺耳。

傅立叶公式

根据傅立叶理论,周期性振动是由一系列正弦波叠加而成的。那么,准确地"配方"是什么?换句话说,正弦波们以什么样的比例出现在函数中?

假设我们有一个函数 f,它的图像如图 88 所示。

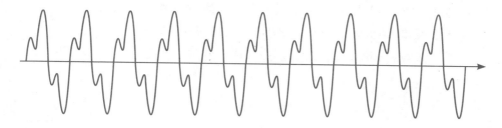

图 88 周期波 f

对于一个以 p 为周期的函数,无论自变量 x 取什么数值,它在 $x+p$ 处的值与在 x 处的值总是相等。因此,知道这个函数在某个长度为 p 的区间 I 上的值就已经足够。图 89 是周期函数 f 的一个周期。

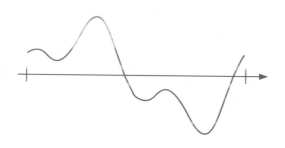

图 89 函数 f 的一个周期

人们通常会把周期函数规范化,即假定它的周期为 $p = 2\pi$。这种规范化使我们的公式变得特别简单,而这只要改变 x 轴上的长度单位就可以轻易地实现。

最后，我们需要知道积分的含义。这其实很简单：如果 g 是定义在某个区间上的函数，那么 g 在该区间上的积分所表示的，就是 g 的图形与 x 轴之间区域的面积。需要提醒读者注意的是：在积分中，位于 x 轴下方部分的面积是用负数来表示的。例如，如果 g 在 x 轴上方部分的面积等于 4，而下方部分的面积等于 3，那么相应积分的值将会是 $4 - 3 = 1$。而如果两部分的面积相同，则整个积分的值就会是零，图 85 就是一个这样的例子。

现在，我们可以来计算 f 的"配方"了。如果 f 的周期是 2π，那么，它可以写成

$$f(x) = a_0 + a_1\cos x + a_2\cos 2x + a_3\cos 3x + \cdots$$
$$+ b_1\sin x + b_2\sin 2x + b_3\sin 3x + \cdots。$$

其中的"sin"和"cos"分别是正弦函数和余弦函数[①]。系数 a_0，a_1，a_2，$\cdots$ 和 b_1，b_2，$\cdots$ 是用来构建函数 $f(x)$ 的"权重"的，它们可以这样来确定：

- a_0 等于函数 $f(x)$ 在 $[0，2\pi]$ 区间上的积分除以 2π。
- a_1 等于函数 $f(x)\cos x$ 在 $[0，2\pi]$ 区间上的积分除以 π。
- a_2 等于函数 $f(x)\cos 2x$ 在 $[0，2\pi]$ 区间上的积分除以 π。
- 其他 a_n 依此类推。
- b_1 等于函数 $f(x)\sin x$ 在 $[0，2\pi]$ 区间上的积分除以 π。
- 其他 b_n 依此类推。

总而言之，如果你会计算积分，那么你就可以计算出构成一个周期函数的各个部分。

---

① 余弦函数不过是正弦函数的平移，所以我们完全可以把整个公式写成只有正弦函数的形式。

067 电脑能当作曲家?
计算机作曲漫谈

在本书的第 10 篇中，我们考虑过"成为作家的机会"这个话题。当时我们说：坐在打字机前面的猴子，如果给它足够多的时间，它最终会敲打出全世界所有的文学作品。

在音乐方面，人们更严肃认真地考虑随机创作。从莫扎特的作品出发，我们可以用"骰子作曲法"进行音乐创作，其规则是这样的：首先抛掷两颗骰子，把得到的点数加起来。接着在一个以从"第 2"至"第 12"标号的 11 首特定作品的集合中，选择与两颗骰子点数之和相应的作品，从中选取其标记为"第一小节"的小节。接下来，依次用同样的办法选取第二、第三等后续的小节，直到选出十六个小节。

图 90 音乐家莫扎特

现在，我们需要做的就是把这些小节按先后顺序拼接在一起，然后把它弹奏出来。这样完成的作品当然不像是天才创作出来的乐曲，但是，它们经常会被误认为是莫扎特时代的某首小奏鸣曲的一部分。

由于每一个小节我们都有 11 种选择，所以我们使用的音乐片段总共有 176 个小节。而根据组合数学，总共有 11^{16} 种不同的组合结果。然而，由于莫扎特通常在他的作品中重复使用某些音乐片段，有的小节会与某个其他的小节完全相同。但无论如何，不同小节组合的总数仍然高达 759 499 667 166 482[①]。所以，每一回扔完骰子，你几乎可以肯定：你创造出的是一段从来没有听过的旋律。

在当代音乐创作中，随机性扮演的角色比以前要重要得多。例如，在谢纳基斯的音乐中，随机性不仅用来确定在哪个时刻演奏哪个乐音，而且决定着用来发出那个乐音的声波的形状。

也许谢纳基斯的音乐仅仅在很少的听众中激起极大的热情。然而，随机性在古典音

---

① 这个数字是根据一种特定的重复方式计算出来的，参见本篇最后一部分的计算。——译注

乐中扮演什么样的角色，却是令人感兴趣的问题。在一首 C 大调华尔兹舞曲中，舒伯特在第六小节突然把调式改成 E 大调，他这么做是出于什么动机？在他的 A 大调奏鸣曲中，莫扎特为什么要将它的土耳其风格的结尾改成 A 小调？是因为天才们从另一个世界获得了灵感吗？有没有可能只是他们大脑里某根神经随机抽动的结果？

人类还没有能力了解大脑深处的奥秘。但是，令人惊喜的结果并非不可能出现，因为在最近几十年中，人们已经深刻了解到，随机效应在很多方面可以产生相当有效而稳定的影响力。

计算机中的莫扎特？

如果哪一位有耐心大量演奏莫扎特的"骰子作品"，他没多久就会发现，这些曲子他全部都已经听过了，即便听到以前没有出现过的排列顺序，感觉也没有两样。其原因在于，我们的大脑有能力辨识音乐结构。它们用了什么和弦？按照什么顺序？节拍结构是什么？更喜欢用哪个音程？如果两个音乐作品在这些方面是一样的，那么它们听起来就很相像。

在对他们的作品进行认真分析之后，这些事实可以用来编写计算机程序，创作出听起来与莫扎特或巴赫风格相似的作品。只是简单地从作品中过滤出音乐结构的重要方面，再添加一些新的参数，就可以创造出新的乐曲。例如，在 C 大调乐章中，G、C 序列之后 B 会以什么频率出现？出现 E 的可能性又有多大？计算机可以做出完全相同的事情：在 G 和 C 相继出现之后，以预设的概率生成 B 或 E 作为其后的音符。

对普通的听众来说，这样做的结果会"听起来有些像莫扎特"或者"听起来有些像巴赫"。当然，里面完全没有新的思想，与灵感迸发的作品也相差甚远。

在这种想法的基础上，作曲家奥尔姆·费仁达尔开发出一种创造性的杂交作曲法。这种做法首先分析两位作曲家 A 和 B[①] 的作品，用 A 的参数作为杂交创作的起点。这就是说，所有的和弦、节拍以及调式都以 A 的作品参数为基础。然后各个参数渐渐改变，直到作品结束时变成 B 的参数。这样创作出来的音乐作品，其风格从 A 开始而以 B 结束。

759 499 667 166 482 种可能？

在我们"骰子作曲"的例子中，有些小节并没有多少选择。对作品上半部分的最后一个小节，也就是整个作品的第 8 小节，我们名义上可以有 11 种选择。然而，这些小节都必须（与此前某个特定的小节）相同。整个作品的最后一个小节，也就是第 16 小节，11 种选择中也只有 2 种不同的选择。但对其他 14 个小节，即除了第 8 和第 16 小节之外

---

① 费仁达尔以约奎恩（Josquin）和吉斯瓦尔多（Gesualdo）的作品为实验对象。

的所有小节，则各自都有 11 种选择。因此，16 个小节的组合总共有

$$11^{14} \times 2 = 759\,499\,667\,166\,482$$

种可能的情形。

　　我们应该注意到，不同的作品被我们选中的概率是不一样的。这是因为，当我们抛掷骰子的时候，总点数等于 2 或 12 的概率都很低，它们出现的概率都只有 1/36。但 7 或 8 这样的中间值出现的概率则要大得多，其中 7 出现的概率达到最高的 1/6。因此，全部都以标号很大或很小的小节组成的乐曲是极其不可能出现的。

068 骰子有罪吗？
我们对机会的错误理解

概率这种东西有时会让人感到困惑。想象一下这样的场景：你很无聊，所以不断重复地抛掷骰子。一方面，你常听人说，在"许多"次抛掷之后，所有点数出现的次数都差不多，都大约等于平均数。但是，另一方面你却又听说，概率是没有记忆的，任何一次抛掷的概率都和最初没有差别。

两种说法怎么会都是正确的呢？如果我们把骰子抛掷了很多次之后，却还没有掷出过六点。那么，此后六点是不是应该更经常出现，这才会符合上面的第一个说法，使它的出现次数趋于平均数？所以说，此后掷出六点的概率是不是应该会增加？有些人在买乐透彩票时，会选择很久没有出现过的号码，他们所依据的就是这样的想法。

二者的对立是这样得到消除的：事实是，所有数字的"机会均等"并不必然导致相等的表现。我们所能期望的，是以非常高的概率出现接近相等的数目。可以计算出，在骰子抛掷试验中，所有六种点数出现数目大致相同的概率接近100%。然而，尽管概率越来越小，全部掷出三点这种貌似不可能的情形实际上也有出现的机会。

为了说清楚我们讲的是什么意思，让我们想象巨大数目的平行宇宙的存在，在每个宇宙中都进行了一场骰子抛掷试验，各自都掷了600次骰子。在大多数宇宙中，我们会看到正常的情形，从1到6每个点数出现的次数都差不多等于100。但也有少数宇宙，其中的结果很怪异，例如，只出现3点（概率为0.00…1286，"1 286"前面共有466个"0"），或者一个6点都没有出现（概率为0.00…31，"31"前面共47个"0"）。

图 91 骰子有记忆？

这里的意思是，骰子们不会相互影响，它们没有记忆。如果得到的结果很奇特，那只是你走进了一个极为罕见的世界。

我们对随机的误解

在本篇中，我们描述了一种对随机性本质的错误理解，这种错误在大众中广泛存在。玩飞行棋的孩子们大多相信，多次没有掷出六点之后，下一次就很可能掷出六点。我们还应该指出，有些人相信加州不久将会有一次大地震，因为距离上一次大地震的发生，已经超过加州大地震的平均间隔时间。

一个小实验可以证实我们对随机的这种不大不小的误解。拿出一张纸，不用抛硬币或者别的东西，只管用 0 代表正面，用 1 代表反面，随机炮制出一串虚拟的硬币抛掷结果。也许你写下的序列像是这样：

10011100101101000111010100101100101000111001011000101000…，

然而，一个真随机数生成器给出的序列更可能像是这样：

110101001110100011111011111111001110100101101101010011000…。

你看出什么区别了吗？在一个真正的随机序列里，长串的正面或反面并不是那么罕见。但当我们尝试制造一个随机序列时，我们对随机性的误解却不知不觉地影响了我们的产品。

069 要命的冰淇淋
统计与谎言

专家们的报告看起来总是让人有这样的感觉：无论你想证明什么结论，你都可以找到某些统计支持。下面我们来看几个例子。

假设你想设计一份调查问卷，询问是否应该不再把五旬节[①]作为节假日，而应该改为正常工作日。那么问卷问题的不同设计，可能会导致不同的调查结果。从工会的视角出发设计的问卷问题，与从商业部角度出发的就会不一样。差别之处在于：更关心生活的舒适，还是更关心外国投资的引进？双方都有自己的道理，但他们具体问题的提法，可能预先决定了数学无法纠正的偏差。

或者，比方说一位分公司经理将向总部作年度报告，她对此感到非常紧张。上一年度销售额仅从 100 000 欧元增长到 101 000 欧元，只不过是可怜的 1%。如果她在报告中使用图 92 中左侧的柱状图，那看起来销售就像是完全停滞了。

该怎么办呢？答案是，她应该只展示销售情况柱状图的顶端，就像图 92 右侧的柱状图那样。这个图对上一年销售额只画出从 90 000 欧元到 100 000 欧元的数据柱，而本年度则从 90 000 欧元画到 101 000 欧元。这样一来，图上数据柱的高度差达到 10%，看起来感觉就好多了。

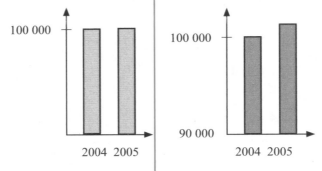

图 92 呈现方式至关重要

[①] 一个基督教节日，又译为"圣灵降临节"，是德国等多个基督教国家的节日。——译注

另一种愚弄他人的办法，是在复杂的统计数据集合里挑选有利的数据。比方说，假设一项科学研究证明，吃大量的草莓冰淇淋可以稳定血压，但血糖会升高到危险的水平。那么，报道的编辑可以选择不同的标题："草莓冰淇淋有益健康"，或者"草莓冰淇淋有致命危险"。

我们在这里想要说的是，在发现事实与表达事实之间，其路径遍布地雷。我们面临的首要问题是，什么是"事实"？我们需要一个没有争议的定义。然而，通向事实的道路总是被怀着自己目的的人群所占据。即便它最终转化成一个数学问题，并形成一个严密而审慎的表述，人们还是会依照自己的意愿去解读，比如说："草莓冰淇淋会要你的命"。

富裕还是贫穷

有些人仅仅把统计看作便利店，他们进入其中，根据自己的兴趣挑拣结果。对这种情形，我们必须给予反击。下面我们再举两个例子。

关键在于定义

谁是穷人？从过去几年的新闻报道中，人们很容易有这样一种感觉：德国的民间苦难在持续增多。对具体情形一无所知的外国游客，会觉得自己将在这个国家的街头遇见很多衣不蔽体、食不果腹的平民。

然而，大部分贫穷现象事实上只存在于报纸上①，问题出在关于"贫穷"的定义：收入低于全国平均数。但这种定义并不合适，它最多只能是"感到贫穷"的一种粗略的度量。如果没有破洞牛仔裤和智能手机，年轻人们可能真的会觉得自己被社会抛在后面。然而，这是真正的、迫在眉睫的贫穷问题吗？

随机分散

我们已经在多个篇章里谈论过随机性带来的奇特现象。就像投掷骰子时可以连续出现五个六点一样，发生概率与地点无关的事件，也可能因为随机性而聚集到一起。

假设有一种罕见病，它在德国每年出现一两千例。如果对每一个病例，我们在地图上在其发生地点插一根大头针的话，那么，结果的情形就和随机数生成器生成的随机序列相似。因此，有些地方会出现聚集在一起的大头针，当然有时也会出现在高速公路、核电厂或者垃圾处理场附近。但是，后者一旦出现，就会成为反高速或反核电者手中的武器，所有关于统计相关性的解释都将无济于事。

---

① 为避免愤怒来信的轰炸，我们在这里特别澄清：和其他国家一样，德国毫无疑问存在着一些穷人。

070 共同富裕?
无穷世界中的连锁邮件

我们以前提到过，伟大的伽利略早已认识到，无穷的领域充满着令人惊奇的现象。今天，通过思想实验，我们将向无穷世界寄出一些连锁邮件。

连锁邮件的想法很有吸引力，它（几乎）无需付出却（总是）承诺回报。我给某人1欧元，并给十名亲友寄信。亲友们也依样画葫芦各自寄出十封信，收到他们信件的所有人照样继续下去。这样，理想情况下就会有 1 000 个人，每人寄给我 1 欧元[1]。可惜，这种奇妙的想法总是无法实现，连锁在没有亲友可以寄信时必然中断[2]。

但在一个无穷的世界里，事情就完全不一样了：首先，我们可以用 1，2，3，4，…来标记所有的亲友。每位亲友对应一个数字，而数字可以任意大。

现在开始我们的游戏。1 号寄出 10 封信，分别寄给从 2 号到 11 号的亲友。这 10 个人每人也寄出 10 封信，接收者的编号从 12 到 111，总共是 100 个人。接下来有 100 个人一样要寄信，他们每人同样寄出 10 封，收信者的编号从 112 到 1111。无需多说，此后的情形可以依此类推。

这些信的最后三行是三个人的邮寄地址，每个人的地址占用一行。收到信的人按照信中的要求，向第一行地址寄出 1 欧元，然后删去这个地址，把剩下两个地址依次提升一行，并将自己的地址添加到第三行。按照这样的做法，1 号将会收到从 112 号到 1 111 号，总共 1 000 个人寄来的钱，总数为 1 000 欧元。2 号到 11 号这十个人，每人同样会收到 1 000 欧元，此后的所有人也都如此。于是，每个人的钱包里都增加了 999 欧元，因为他们都只付出 1 欧元，却都收到 1 000 欧元。

当然，没有人限制我们，让我们只寄出 1 欧元。我们可以选择 10 欧元或 100 欧元，甚至更大的数额。这样一来，我们在不知不觉中就都变成了富人！这——是真的吗？确实是真的。从本质上看，这无非是把钱从编号大的人的钱包，转移到编号小的人的钱包中，

---

① 参见本书第 6 篇。

② 多数人并不理会连锁邮件，这一事实是使连锁更早夭折的原因。——译注

如此而已。由于编号可以任意大，所以每个人都能够因此发财。可惜的是，我们生活在一个有限的世界中。从财务的角度看，无穷世界才是真正的天堂。

同时成为借方和贷方

　　作为连锁邮件想法的变体，我们来考虑另一种"无中生有"的致富法。和上面一样，我们还是用 1，2，3，4…给所有人编号。1 号需要 1000 欧元，所以他向 2 号求借。不幸的是，2 号身无分文。但是，他没有拒绝 1 号的要求，而是向 3 号告借 2000 欧元，其中 1000 欧元借给 1 号，同时也给自己留下 1000 欧元。不巧的是，3 号也手头拮据。但他同样心思敏捷，他向 4 号借款 3000 欧元，自己留下 1000 欧元，并同时满足 2 号借款 2000 欧元的请求……就这样，借款与贷款的链条一直延长下去。如果这个链条有一个终点，那么最后那个人将会身背巨债。但在一个无穷世界，每个人都满意而且快乐，经济也轻松发展。

　　如果我们用"代"来替换"人"，并且把 1000 欧元改成数十亿欧元，我们对德国（和其他工业化国家）的金融政策就有了一种相当清晰的描绘。国家债务翻倍增长，下一代的社会稳定依赖于更进一步的债务，这些债务的偿付又被推到再下一代人身上。

　　这种方案的缺点是，借贷并非没有成本。借贷的利息必须由更多的借贷来偿付，这将使债务总额以指数函数增长。人们不禁担心，金融市场为维护这种体系而借出更多钱的意愿，到底还能维持多长时间？

　　和很多政府一样，金融骗子也经常使用类似的伎俩。他们都许诺很高的回报率，尽可能从最早一批轻信的无辜者手中骗取钱财。他们花天酒地地挥霍，只保留返还眩目的 20% 利率所需的部分。于是，这个"投资项目"能够获得暴利的消息传播开来，上当者蜂拥而至，下一批利息因此也有着落，骗子们的生活也更加奢华。如果某一天，无论是什么原因，当某个首批参与者要求兑现许诺时，他们也有足够的钱来履行诺言。就这样，这种骗局可以维持很久，直到最终崩溃的那一天。

071 风险规避
金融数学中的对冲

假设你是一位银行经理。一位顾客走进你的办公室，说她希望和你签订合同，在明年元月 1 日购买 500 股某通信公司的股票。她说，她希望并预计到时每股股票的价格将不会超过 20 欧元。如果股票高于这个价格，她希望你的银行偿付其间的差额。

在当代，这样的合同并不是什么新生事物，它们被称作"期权"。对顾客来说，合同所提供的保障是有代价的，合同签订时她需要付出一笔钱。那么，作为银行经理的你应该用这笔钱做些什么，才能保证在元月 1 日履行合同的承诺呢？

解答这个问题的关键词是"对冲"。在金融数学中，对冲可以巧妙地规避风险。

"对冲"是源于英语的金融术语，英语原词是"hedge"，指的是一种金融业中特定的风险规避手段。从字典上可以查到，它的原义是"用成排的灌木围起来的篱笆"，近引伸义有"围墙""障碍物""人墙""保护手段"等等。其派生词"hedgehog"意指"豪猪"或"刺猬"，也仍然形象地使用了原义。

对冲的想法可以说是简单而巧妙：与从你的顾客那里收到的钱一起，你以市场利率贷款，然后统统用于购买通信公司的股票。

为什么呢？如果股价在元月 1 日时高了，那么这些股票的收益就足以充当你赔给顾客的股价差额，并同时偿付贷款本息。而如果股价低了——这虽然很可惜——但这时你不用付钱给顾客，而售出所持的股票应该也足以偿付贷款。

总之，为了避免在通信公司股票交易中受到损失，你买了一些这种股票。无论股市趋势如何，你都在两边同时下注。

现在，数学要开始起作用了：你需要用数学知识来计算期权合同的价格，以及你（的银行）应该购买的股票数额。本书第 63 篇介绍的"金融市场定律"指出，不存在没有风险的收益。根据这个原理，问题就只是求解一个简单方程。复杂的是，我们必须在期权期限内持续跟踪股市。这期间，你有时需要抛售一些股票，有时又需要贷款追买更多的股票。

一千股的对冲

我们用一个具体的例子来考察对冲。假设现在是元月，你[1]打算为年底购买 1 000 股银河企业的股票而到银行购买一只期权。今天购买这些股票需要 10 000 欧元，但年底的价格谁也不能肯定。这依赖于很多不同的因素，也许会高达 16 000 欧元，也有可能低至 8 000 欧元。（为简化问题，我们假定年底的价格将是这两个数字之一，而且你全年都不会做任何股票交易。）假设，你知道到年底你将会拥有 12 000 欧元。因此，如果股价是 8 000 欧元，那一切都没有问题。但如果股价飚升到 16 000 欧元，你就希望银行付给你不足的部分，即 16 000 − 12 000 = 4 000 欧元。那么，对这样一个保障合同，银行应该怎么定价？又该如何运用你为该期权合同付出的费用？

接待你的银行官员给信贷部门打了一通电话，了解到银行间拆借利率是 6%。换句话说，今天借款额为 $E/1.06$ 的话，年底的偿付额就应该是 E。有了这条信息，银行官员起草了期权合同。结果，你需要为这个合同付出的金额是

$$5\,000 − 4\,000/1.06 \approx 1\,226（欧元）[2]。$$

你付款并在合同上签字，完成了购买期权的交易。此时，银行信贷部门立刻向这位官员的账户转入 4 000/1.06≈3 774 欧元，她因而立刻就拥有 1 226+3 774 = 5 000 欧元，并马上购买了 500 股银河企业的股票。她此后忙于业务，直到 12 月都没有想起这件事情。

假设到年底时股票涨了（按照我们前面的假设，每 1 000 股涨到 16 000 欧元），那么她的银行账户里就有了价值 8000 欧元的股票。此时，她代表银行付给你 4 000 欧元，用余下的 4 000 欧元还清了贷款的本金和利息。而你则将这 4 000 欧元与你规划中的 12 000 欧元一起，用来购买 1 000 股银河企业的股票。

另外的一种情形是：年底股票跌到每 1 000 股 8 000 欧元的水平。这时，这位官员掌握的股票售价是 4 000 欧元，正好可以用来还清贷款的本利。同时，由于你的 12 000 欧元足以购买你想要的股票，你作为期权拥有者并不会从银行得到任何东西。

总而言之，采用对冲策略，你用相对低的代价（1 226 欧元）获得了 4 000 欧元的保障。而你这样做的理由，是因为你要保证自己能在年底购买规划中的股票，无论股价如何变动。

---

[1] 注意，这里叙述的角度转变了，本段的"你"不再是前文的银行经理。——译注

[2] 这个数额不包括作为银行收益的手续费，我们为了简便而有意忽略这一项。

072 数学的"诺贝尔奖"
阿贝尔与五次方程求根

数学有诺贝尔奖吗？在几年以前，答案是清晰而坚定的"No"。不过，数学有声望卓著的菲尔兹奖，它每四年一次在国际数学大会上颁发。尽管菲尔兹奖的获奖者肯定会获得最好的教授职位，因而可以保证衣食无忧。然而，菲尔兹奖本身的奖金却相当菲薄，连德国小城万纳 - 艾克尔[①]的"青年诗人奖"都比不上。

但是，情况在过去几年里发生了变化，数学界诞生了一个新的大奖。这个奖的根源可以追溯到千万年以前：那个时候，地壳运动给挪威沿海带来了无尽的石油，给这个只有 400 万人口的国家送去了大量财富。

在石油出现之后很久很久，挪威产生了一个 19 世纪最聪明的数学家，他的名字叫作尼尔斯·亨里克·阿贝尔（1802—1829）。阿贝尔一生短暂，贫病交加，当他最终被授予大学教授职位[②]时，他已经病得无法动弹。

图 93 挪威数学家阿贝尔

直到阿贝尔去世之后，他才被自己的祖国承认为数学天才。为纪念这位才华横溢的数学家，名为"阿贝尔奖"的数学大奖于 2002 年在挪威设立。这个奖每年颁发一次，授予对数学发展有特别重要影响的数学家。阿贝尔奖的奖金大约为 70 万欧元，与诺贝尔奖的金额基本相当。

这个数学大奖在 2003 年首次颁发，获奖者是法国数学家让 - 皮埃尔·塞尔。此后获奖的数学家依次是迈克尔·阿蒂亚（爱丁堡大学，2004）与艾沙道尔·辛格（麻省理工，2004），彼得·拉克斯（纽约大学，2005），里纳特·卡尔松（瑞典皇家工学院，2006），以及斯里尼瓦·瓦拉丹（纽约大学，2007）[③]。我们顺便在这里指出，柏林也与

---

① 现在这个小城已经成为黑尔讷市的一部分。——译注
② 这个职位不是来自挪威的某个大学，而是来自德国的柏林大学。
③ 此后的获奖者是：2008 年的约翰·汤普森（美国）与雅克·蒂茨（法国），2009 年的米哈伊尔·格罗莫夫（法

阿贝尔奖有关：柏林市每年都举行大学生"数学日"活动，挪威大使馆则资助活动的获奖者赴挪威参加阿贝尔奖的颁奖仪式。

阿贝尔和五次方程

阿贝尔在数学的多个领域都做出过杰出的贡献，其中之一是他关于多项式方程求解问题的工作。

问题

很多数学的应用问题最后都被简化成多项式方程的求解问题，方程 $x^2-2.5x+3=0$，以及 x^7-1，$200x^6+3.1x-\pi=0$ 都是多项式方程，其中的 $x^2-2.5x+3$ 和 x^7-1，$200x^6+3.1x-\pi$ 都是多项式。一般地，多项式可以写成

$$a_n x^n+a_{n-1}x^{n-1}+\cdots+a_1 x+a_0，$$

其中的 n 是自然数，而 a_n 等系数则可以是任意数字。

方程中未知数的最高指数称为方程的"阶"，上文前两个多项式方程的阶分别是 2 和 7，而一般表达式 $a_n x^n+a_{n-1}x^{n-1}+\cdots+a_1 x+a_0$ 的阶数则是 n（假定 a_n 不等于零）。

解答

直到 19 世纪人们才确认每一个多项式方程 $a_n x^n+a_{n-1}x^{n-1}+\cdots+a_1 x+a_0=0$ 都有解。由于像 $x^2+1=0$ 那样的方程在实数范围内无解，解的范围必须扩大到复数（这样，$x=\pm i$ 就是方程 $x^2+1=0$ 的解）。一旦解的范围扩展到复数，则甚至在系数是复数的情况下，$a_n x^n+a_{n-1}x^{n-1}+\cdots+a_1 x+a_0$ 都总是有解[1]。但是，解的存在性并不能保证人们可以找到求解的简单公式。事实上，求解公式只有当方程的阶"很小"的时候才存在。以下是存在求解公式的几个例子：

- **阶数 = 1**：此时的问题是找到 x，使得 $a_1 x+a_0=0$。其中的系数 a_1 和 a_0 是已经给定的常数。这种方程很简单，小学一年级的学生都会解：$x=-a_0/a_1$。

- **阶数 = 2**：这时需要求解的方程是

$$a_2 x^2+a_1 x+a_0=0。$$

同样，其中的系数 a_2、a_1、a_0 也是预先给定的。将方程中各项除以 a_2，我们就得到"规范化"的二次方程：$x^2+px+q=0$。学生们一般都能背诵它的求解公式，即"二

国），2010 年的约翰·泰特（美国），2011 年的约翰·米尔诺（美国），2012 年的安德烈·塞迈雷迪（匈牙利），2013 年的皮埃尔·德利涅（比利时），2014 年的雅科夫·西奈（俄罗斯），2015 年的约翰·纳什（美国）和路易斯·尼伦伯格（美国），2016 年的安德鲁·怀尔斯（英国），2017 年的伊夫·梅耶尔（法国），2018 年的罗伯特·朗兰兹（加拿大），2019 年的凯伦·乌伦贝克（美国）。——译注

① 参见本书第 94 篇。

次（方程的求解）公式"

$$x_1 = -\frac{p}{2} + \sqrt{-q + \frac{p^2}{4}}, \quad x_2 = -\frac{p}{2} - \sqrt{-q + \frac{p^2}{4}}\,\text{。}$$

- **阶数＝3**：这种情形的求解公式也是存在的，它称为"卡当公式"——意大利数学家吉罗姆·卡当[①]在 1545 年出版的《大术》中给出了这个公式。

从一般的三次方程出发，我们不难把它化成

$$x^3 - ax - b = 0$$

的形式。然后，上面这个方程的解就由以下公式给出；

$$x = \sqrt[3]{\frac{b}{2} + \sqrt{\left(\frac{b}{2}\right)^2 - \left(\frac{a}{3}\right)^3}} + \sqrt[3]{\frac{b}{2} - \sqrt{\left(\frac{b}{2}\right)^2 - \left(\frac{a}{3}\right)^3}}\,\text{。}$$

- **阶数＝4**：这种情形的求解公式同样也存在。它虽然很复杂，但需要的同样只是在系数之间进行加、减、乘、除，以及求平方根和立方根的运算。这个公式是由卡当的同时代人，意大利的费拉利（1522—1565）发现的。

那么，接下来的情况是怎么样的？为什么人们一直没能发现更高阶多项式方程的求解公式？从 16 世纪到 19 世纪，数学家们都在研究这个问题，而最终解决问题的正是本篇的主角：尼尔斯·亨里克·阿贝尔。

阿贝尔不可能性定理

在 1824 年，年仅 22 岁的阿贝尔证明：对更高阶的多项式方程，与阶数为 2、3、4 的多项式方程求解公式形式相似的求解公式是不存在的。对于五阶方程，无论用多么复杂的表达式，人们都不可能用系数的四则运算和开方运算写出它的求解公式。

从那个时候开始，数学家们才明白，在很多很多的情况下，我们所能期望的，就是求出方程具有任意给定精确度的近似数值解。

第三版后记：网络上可以找到许多关于阿贝尔奖的信息，例如德文维基百科的网页 http://de.wikipedia.org/wiki/Abelpreis。阿贝尔奖是对数学家一生成就的奖励和肯定，但是对公众解释他们的成就为什么能够获奖通常是一件非常困难的事情。尽管如此，在每年五月阿贝尔奖颁发的前一个星期日，《世界报》都会用一整个版面，向公众介绍与获奖成就相关的数学知识。

[①] "卡当"是这位数学家名字英文拼写的音译，它的另一种译法是"卡尔丹"。而如果根据其名字的意大利语拼写，则应译为"卡尔达诺"。——译注

073 蒙特卡洛方法
随机数计算双曲线下方的面积

摩纳哥的蒙特卡洛镇有三件事情非常著名：一级方程式赛车，名流窥探，还有赌博。想着赌桌上幸运女神变化无常的脾气，数学家们创造出一种利用随机性进行数学计算的技术，并将这种方法称为"蒙特卡洛法"。

我们举一个例子。假设在单位正方形（即边长等于 1 的正方形）内部有一个形状复杂的区域 F，那么我们怎么计算它的面积？经典的方法是：把 F 分割成许多很小的小区域，计算或估算每个小区域的面积，然后再把所有的结果相加。

蒙特卡洛法计算这个面积的途径完全不一样，它最重要的工具是随机数生成器。蒙特卡洛法用这个随机数生成器随机产生出单位正方形内的点，关键的要求是正方形内每一个点都有相同的概率。用数学术语来说，是要求生成的点在正方形内"等概率分布"。今天，随机数生成器非常容易获得，每个计算机都能在一秒之内生成数百万个随机数。只要满足这个等概率要求，那么一个点落在 F 内的概率，就与 F 的面积成正比。

蒙特卡洛法用实验的方式来确定区域的面积。比方说，如果我们随机生成了 100 万个点，其中有 622 431 个点落在 F 内。那么，这意味着"命中"区域 F 的概率为 62.2%。因此，F 的面积与单位正方形的面积比值就应该等于 62.2%。由于单位正方形有面积等于 1，所以 F 的面积就被这个实验确定为 0.622。

这种办法既有优点也有缺点。蒙特卡洛法的主要优点是：它能够很方便地应对非常复杂的情形，因为多数计算机语言都有随机数生成器，编写应用程序非常方便。它的缺点在于，随机性并不可靠。随机数生成器有可能生成不满足等概率分布的点，此时"命中"区域的概率将不会与区域面积相对应。

这种缺点导致的后果是：用蒙特卡洛法得到的结果需要谨慎对待，而上述例子的结论可能会被说成"F 的面积以 99% 的概率位于 0.62 与 0.63 之间"。

也正因此，只要存在可能性，数学家们自然而然就会寻找精确的解法。否则的话，你愿意把车开上安全性为 99% 的大桥吗？

用蒙特卡洛法计算抛物线面积

作为蒙特卡洛法应用的经典案例，我们下面来计算抛物线下方的面积。具体问题是：如图 94 所示，从 $x=0$ 到 $x=1$，抛物线与 x 轴之间的面积等于多少？

这个问题可以容易地得到准确的答案，2000 多年前阿基米德就已经得到了计算公式。现在，这个公式属于基础微积分的范畴：假设抛物线的方程为 $f(x)=x^2$，那么它的反微分[①]等于 $x^3/3$。将自变量 x 的上下限代入相应的公式，可以得到所求的面积为 1/3。

但是，采用蒙特卡洛法计算的话，我们可以完全不懂得微积分。我们有两种解决办法。

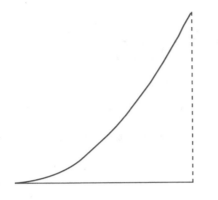

图 94 抛物线下方的面积是多少？

方法 1

将要求面积的区域画在矩形 R 内。对我们的例子而言，这个矩形是一个单位正方形。然后，我们让计算机随机生成"许多"矩形内的点，要求"命中"矩形内任何一点的概率都一样。接下来，我们所需要做的就是统计落入区域 F 内的点数。由于所有的点是等概率分布的，落在区域 F 内点的比例所表示的就是 F 的面积与矩形面积之比。图 95 是一次具体实验的结果。

在这个例子中，我们只随机生成了 60 个点，其中 22 个点落在区域 F 内。因此区域 F 的面积应该大约等于 22/60，即大约 0.366。

对这么少的点数，这个结果已经相当不错。对于计算机来说，生成多很多倍的点是轻而易举的事，因而我们也很容易提高结果的精确度与可靠程度。

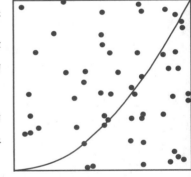

图 95 用蒙特卡洛法计算面积

方法 2

这种办法依赖于一种概率论解释。考虑这样一种游戏：当在 [0，1] 区间内随机选

[①] 这个数学术语大致相当于"原函数"。——译注

择一点 x 时，我们就获得值为 x^2 的回报。这样，我们要求的面积就等于游戏对每次选点的平均回报。为了利用这个事实，我们编写这样的计算机程序：将寄存器 r 的初值设置为 0，让计算机随机生成 0 与 1 之间的数，然后将这个数的平方加到寄存器 r 上。（例如，如果生成一个等于 0.223 344 55 的数，则 r 的值就增加 0.223 344 55 × 0.223 344 55 = 0.049 882 788 01。）在这样做很多很多次之后，把寄存器上所得的数值除以所生成随机数的总数（我们记为 n）。用所谓伪代码来写，程序就像这样：

$$\vdots$$

```
n: = 10 000 ;
r: = 0 ;
for i: = 1 to n do
begin  y : = random ; r : = r + y* y ; end ;
r : = r/n ;
```

$$\vdots$$

在以上程序执行结束时，寄存器里的数就是抛物线下方面积的近似值。我们做了几次计算机模拟，其结果如下：

实验次数 n	10 000	10 000	100 000	100 000
结　果 r	0.333 839	0.336 283	0.333 50	0.333 04

引人注目的是，我们没有计算积分，却也得到了 0.333 3… 这样相当精确的结果。整个过程只用了几分之一秒的时间，而其中的函数却可以非常非常复杂。唯一的缺点，是我们永远不能百分之一百地放心。除非事先知道应该得到什么结果，否则我们无法确认所得的是不是一个好的结果。假如没有这样的信息，那我们就只能相信计算机和概率定律。在事关生命与财富的重大问题上是否依赖这样的结果，是我们必须再三考虑的问题。

074 弗晰逻辑
模糊数学与模糊控制

不久之前，真空吸尘器和洗碗机的广告声称其产品的工作原理以"模糊逻辑"为基础。"模糊逻辑"的英文为"fuzzy logic"，曾经被音义兼顾地译为"弗晰逻辑"。模糊逻辑在 20 世纪 70 年代由伯克利数学与计算机专家泽德提出，它为我们的日常思维提供了数学化的基础。

如果我们坚持数学上的"精确"，那么对一个命题就只有"是"和"非"两种结论。一个自然数要么是素数，要么不是，中间完全不存在灰色地带。

然而，日常生活中的事物却并不总是非黑即白。根据已有的信息，我们对命题的正误往往只能有一个相对不确定的判断。例如，这种交通方式安全吗？这个项目值得我们投资吗？这样的问题，很难有斩钉截铁的答案。

模糊逻辑企图对数学进行"人性化"改善，它允许对命题的对错给出"是"与"非"之外的判断值。具体地说，如果用"1"表示"绝对正确"，而用"0"表示"绝对错误"，那么模糊逻辑允许用介于 0 与 1 之间的数值，来表示对命题正误的倾向性判断。因此，我们可以"模糊"地认识到：对某命题给出"0.9"的判断值意味着对其正确性"相当有把握"，相当于"十拿九稳"。

值得注意的是，经典逻辑学的很大一部分内容可以移植到模糊逻辑理论中。例如，当命题 p 与 q 都有很高的正确值时，它们的"与"同样也有相当高的正确值。模糊逻辑模型很大程度上符合我们的生活经验，因此受到很多数学家的青睐。

在对复杂过程的控制问题方面，模糊思维也往往有其用武之地。比方说，受控机械臂要将一根柱子竖立在一块平板上——这个问题的精确模型很精细而且难以使用，而其模糊逻辑模型则可以轻而易举地实现。对于柱子偏离垂直位置的程度，例如"柱子略微左倾"或者"柱子严重左倾"之类的陈述，模糊逻辑模型都可以相应地给出模糊逻辑值。比方说，柱子处于左倾 10° 的位置，那么它"略微左倾"的程度可能被赋予"0.6"这一模糊逻辑值，而其"严重左倾"的模糊逻辑值则可以取"0.4"[①]。当然，接下来我们需要规定机械臂对"略微左倾"与"严重左倾"之类预先定义的状态所采取的应对动作，例如"将平板向右移动 1 厘米"或"将柱子向左移动 3 厘米"之类。当机械臂做出应对动作之后，柱子状态的模糊逻辑值将被重新计算。显然，"没有倾斜"的模糊逻辑值越接近 1，放置工作就越接近完成。

模糊控制

古典控制论是一门艰深的学科，美国数学家维纳（1894—1964）对这门学科做出了重大的贡献，"Cybernetics"（即"控制论"）这一英文术语正是出自维纳的创造。古典控制论的想法是对系统实现最优控制：通过控制参数对系统实施干预，使得预定的目标值以最短时间（或以最低的代价）得以实现。这里的"系统"可以是制药厂的化学反应链，也可以是一座冶金高炉，或者是需要击落的敌方火箭。古典控制论的应用范围非常广泛。然而，由于拥有的信息不完备，或者控制操作只能产生严重滞后的效果，或者随机因素可能使过程的状态出现意料之外的变化，控制问题往往变得非常非常复杂。通常情况下，控制函数所满足的方程是极为复杂的，其精确解往往只有在很特殊的条件下才可能得到。

正如我们前述例子所展示的那样，应用模糊逻辑可以使控制问题得到很大的简化。首先是对系统状态的观察，然后是对当前状态进行数值判断，确定它属于哪一种情形。回到前文所举的例子，我们对柱子的状态可以预设"严重向后倾""略微向后倾""没有倾斜""略微向前倾""严重向前倾"等五种情形。应用模糊逻辑，如果柱子的当前状态是"向前倾斜 5°"，那么它对应一个五维的模糊向量，其值定为（0.0, 0.0, 0.2, 0.8, 0.0）——五个分量依次对应"严重向后倾""略微向后倾""不偏不倚""略微向前倾""严重向前倾"。同时，"专家"将给出应对"严重向后倾""略微向后倾"等情形的具体对策。假如我们知道，没有倾斜时不需要采取任何应对措施[②]，而根据已有的信息，应对"略微向前倾"的措施被确定为"将平板向前移动 5 厘米"。如此一来，我们就可以结合具体情形做出应对决策：20%"零应对"与 80%"将平板向前移动 5 厘米"的结合动作，也就是将平板向前移动 $5 \times 0.8 = 4$ 厘米。

相当重要的一点是，很多非常复杂的问题都可以用如此简单的方法来解决。虽然这种解决方式的结果与古典控制论的解有很大的区别，但"模糊化"是相当容易实现的办法。

---

① 这两个模糊逻辑值表示，"左倾 10 度"被判定为处于"略微左倾"与"严重左倾"之间，而相对更近于"略微左倾"。——译注

② 当然，没有专家的帮助你大概也能自己发现这一点。

075 《圣经》真的很神吗？
数字神秘主义

　　对于数学家来说，数字是研究的对象，是计算的主体，他们不会赋予数字任何神秘的意义。不过，寻找数字背后的奥义，却是一种肇始于毕达哥拉斯学派的、历史悠久的传统。例如，有些数字会被赋予某种特别的性质（像"二"意味着改变，"三"体现着知识和智慧，等等），而人们则用这些性质来帮助他们作出决策。

　　如果街道号码的各位数字之和是一个"不吉利"的数字，那么那条街上的房子能不能买？相似地，二手车的号牌可能影响某个人是否购买的决定，意中人的生日也可能会影响拟议中的婚姻。可以说，数字的影响无所不在。

　　在 19 世纪时，数字神秘主义曾经特别流行。一种常见的消遣是这样的：给每个字母对应一个数值，把人名中字母数值的总和赋予名字的主人。如果这个总和凑巧等于 666，那么，它肯定在预示着什么！因为，《圣经》说过 666 是"野兽之数"：

　　　　在这里有智慧。凡有聪明的，可以算计兽的数目。因为这是人的数目，它的

　　　　数目是六百六十六。[①]（《圣经·启示录》，13 章第 18 节）

　　这种计算有很大的弱点：给字母安排数值的方式太多了，具有相当的随意性。而如果没有得到想要的结果，人们还可以对名字的拼法作出改变。例如，在托尔斯泰的《战争与和平》里，拿破仑的名字直到被拼写成"大皇帝"时，才得到 666 这个数字。

　　在 1997 年，另一种形式的数字神秘主义引起了巨大的反响。当时，德罗斯宁的著作《圣经密码》面世，作者在书中提出一种理论，认为在《圣经》的希伯来文原版中，用密码的形式暗藏着大量关于过去和未来的信息。

　　关于"为什么可以在《圣经》里发现如此之多有意义的短语"这个问题，争论文章甚至还曾刊载于专业数学刊物。然而人们最终发现，在任何一本足够长的书中，只要寻找的时间也足够长，用德罗斯宁的方法都可以得到相似的结果。

---

　　① 我们采用著名中译本"和合本"的译文。——译注

当然，这样的游戏并不局限于《圣经》，当代的版本也不时出现。如果愿意，对微软持批判态度的人就有办法把比尔·盖茨的名字转化成666——只要他把盖茨的名字"正确地"拼写成"B. & Gates"，然后将这些字母用计算机的 ASCII 码写出来 [1]：

字　母	B	.	&	G	A	T	E	S	总　和
ASCII 码	66	190	38	71	65	84	69	83	666

但是，还有另外一种"揭开盖茨画皮"的方法 [2]！由于盖茨的全名是"威廉·亨利·盖茨三世"，所以我们应该研究一下"BILL GATES 3"，果然：

字　母	B	I	L	L	G	A	T	E	S	3	总　和
ASCII 码	66	73	76	76	71	65	84	69	83	3	666

必须承认，这种做法里颇有不地道的地方：首先，"3"的 ASCII 码是 51 而不是 3。其次，这种拼写中名与姓中间有一个空格，它的 ASCII 值（等于 32）也被故意忽略了。事实上，直接转换盖茨的姓名绝对不能把他变成坏蛋。

数字神秘主义肇始于毕达哥拉斯

数字神秘主义的历史可以追溯到古代，在由毕达哥拉斯（约公元前 5 世纪）的追随者们组成的毕达哥拉斯学派那里，就可以找到它的影子。在更早的古埃及和古巴比伦，数字是进行重要计算，例如天文和建筑中计算的重要工具，它们并没有被赋予其他意义。直到毕达哥拉斯之后 200 年，数字神秘主义才萌发幼芽。事实上，在欧几里得的《几何原本》等数学史上伟大的纲领性著作中，一个字都没有涉及这个主题。

数字神秘主义在毕达哥拉斯学派衰落之后几乎被完全忘却，直到新毕达哥拉斯学派在公元前后才重拾故技，从此一直在非理性思维中占有一席之地。在遭遇苦难的时候，人们特别需要寻找对苦难的解释，以及走出困境的办法。此时，如果宗教不足以满足他们的需求，像"1"表示"好"，"2"表示"坏"之类的迷信，就会骤然变得非常重要。

尽管所有这些对数学没有起到任何作用，但我们绝不可以认为，科学家总是对现在看来是非理性的世界观具有免疫力。约翰·开普勒由于发现行星运行轨道是椭圆形而倍受

---

① 事实上，"."的标准 ASCII 码是 46 而不是 190。——译注

② 刊载于 1995 年的《哈泼斯杂志》。

后人尊敬，但他却试图用正多面体 ① 集合来解释行星与太阳的距离。牛顿的《自然哲学的数学原理》是数学应用于自然科学的旷世巨著，但他花在炼金术实验室里的时间，以及从《圣经》里寻找神秘信息的时间，显然比用来写这部著作的时间还要多。

"小数字定律"

"神秘"联系的产生有时其实相当简单，只不过是因为小数字的个数太少的缘故。数学家理查德·盖伊将这种现象称为"小数字定律"。

其中的数学推证无可辩驳。如果把五个球放进四个盒子里，那么必然至少有一个盒子里装着不止一个球，此外别无可能。这就是"抽屉原理"，我们在本书第 61 篇里曾经证明过这个定理。而根据这个原理，当我们将相关的概念归为一类时，相同数字的出现是不可避免的。例如，我们有如下五个一组的概念群 ②：

- 五行（金，木，水，火，土），
- 五方（东，西，南，北，中），
- 五味（酸，甜，苦，辣，咸），
- 五脏（心，肝，肺，脾，肾），
- ……

这些概念群都对应于数字"五"，这本是毫无意义的巧合，但古代哲学家们却觉得这些"五位一体"内涵丰富，并具有内在的联系。关于这个话题，读者可以进一步阅读 Underwood Dudley 所著的《Die Macht der Zahl》③（1999），以及 Harro Heuser 的《Die Magie der Zahlen》（2003）。

---

① 古希腊人早已知道，正多面体总共只有正四面体、正六面体、正八面体、正十二面体、正二十面体五种，它们之间某种形式的"嵌套"在开普勒看来可以描述当时已知的行星。——译注

② 为方便读者理解，本段改以我国传统概念群为例。——译注

③ 二书均无中文译本，书名分别可译为《数字的威力》及《数字的魔术》。——译注

076 纽结可以很扭曲
纽结理论与纽结不变量

　　想象你有一个很长而散乱的绳子，你把它的两头接起来，连成一个闭合的环路。

　　如果在你连接这根绳的两端之前，有些部分之间相互纠缠着，那么它就不可避免地出现了纽结（如图96）。有没有可能不用解开两端的连接，就可以解开纽结？换句话说，它是不是可以解开而成为一个大的环路？显然，有些情形下是可以做到的，但另外的有些情形则不能。

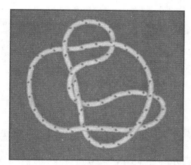

图 96 这样的纠结能不能解开？

　　问题是：有没有准确的答案？对这个问题，数学家们已经思考了好几百年的时间。当然，他们研究的不是真实绳子的纠缠，而是关于抽象纽结的理论。第一个面临的问题，是必须找到适当的词汇来描述关于纽结的问题。莱布尼茨首先提出这个问题，但它一直到 19 世纪末期才获得满意的解决。由于精确的描述形式过于学术化，我们在这里仍然用绳子来表述。

　　让数学家们丢脸的是，此后又经过了数十年时间，关于纽结最简单的问题之一才获得解决。这是一个所有打过结的人都知道的事实，但是它在 20 世纪 30 年代才得到严格的证明：无论手法如何高妙，有些纽结都是无法解开的。图 97 是最简单的例子，即"苜蓿叶纽结"。

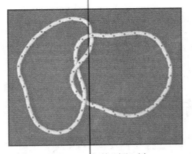
图 97 苜蓿叶纽结

纽结理论当前研究的主题是一个更加困难的问题，即纽结的分类问题：怎么把各种本质上不同的纽结划分为不同的类型？

发展纽结理论的主要动机源自它在物理学中的重要性。在 1867 年，威廉·汤姆逊，也就是后来的开尔文爵士，提出了一种新颖的原创性原子理论。根据这种理论，原子的模型是以太①中的涡旋线，我们可以将它们想象为纠缠在一起的烟圈。这样一来，可能的原子种类就对应于各种（可能的）纽结的基本类型。纽结的分类问题由此而产生，学术界对纽结理论的系统研究也因此展开。

在现代物理学中，开尔文爵士的想法没能找到它的位置，但纽结理论却因为另外的原因变得极为重要。现代物理学试图用弦论来描述物质的基本结构，而纽结理论在其中扮演着关键的角色。

纽结不变量

"有没有不可解的纽结？"这个问题在提出 230 年之后才得以解决。首先解决这个问题的是数学家科特·莱德迈斯特（1893—1971），他在 1932 年给出了一种基于纽结不变量的解答。

我们首先用一个简单的例子来解释如何应用纽结不变量：

考虑如下的简单"游戏"。最初的桌面上放着 10 颗石子，玩游戏的人可以向桌面上添加 7 颗石子（假设有充足的石子），也可以从桌面拿掉 7 颗石子（如果可能的话）。

问题：在游戏的某个时刻桌面上有没有可能恰好有 22 颗石子？

答案：不，不可能。我们可以用简单的不变量思想来证明这个结论。对桌面

---

① 一种古代西方人想象中充满宇宙的介质，与"真空"不同，但略有相似之处。——译注

上的石子数，只要我们考虑它除以 7 所得到的余数①，事情就很清楚：

- 游戏开始时这个余数等于 3。
- 无论添加 7 颗石子或者移去 7 颗石子，余数都不变。因此，桌面上石子数目除以 7 的余数永远等于 3。
- 22 除以 7 的余数等于 1。

于是，桌面上永远都不可能出现 22 颗石子。

现在我们回到纽结理论。对纽结理论，莱德迈斯特提出了与上述例子相似的想法。他首先定义了纽结的"简单移动步骤"，描述了三种不同类型的"莱德迈斯特移动"，它们都是在绳子上"把一个圈完全移动到另一个圈上"的操作。关键之处在于，在纽结上的任何一次操作，都可以看成是一系列莱德迈斯特移动的结果。

然后，莱德迈斯特定义了一个不变量：纽结的一个在经过莱德迈斯特移动之后不会改变的性质。换句话说，如果一个纽结在移动之前具有这个性质，那么它在移动之后仍然具有这个性质。

不过，比起"除以 7 的余数"，纽结的这个不变量要复杂得多。莱德迈斯特考虑以特定方式给画在平面上的纽结图着色，而他的不变量则是：所有可能着色方式的总数。

莱德迈斯特方法的关键在于，人们可以证明如下断言：

- 这个不变量的确在实施莱德迈斯特移动之后不会改变。
- 一个回路，也就是没有打结的纽结，不可能用这种特定的方法着色。
- 有些特定的纽结，例如我们提到的苜蓿叶纽结，可以用这种特定的方法着色。

于是，他就证明了苜蓿叶纽结是不可能解开的。

我们应该知道，不论从什么角度看，这个结果都没有回答所有纽结理论的著名问题。如果一个纽结是可着色的，那么它是不可解的。但是，逆命题却是不正确的：存在着既不可着色、也不可解的纽结。因此，在很多情形下，这种技巧不能确定一个纽结是否不可解。于是，寻找新的、可以区别不可解纽结的不变量，就成为当前纽结理论面临的挑战。

寻找这种新的不变量的研究目前相当活跃，长远目标之一是寻找一个全能不变量。也就是说，这种纽结的性质必须容易检验，并且恰好只有可以解开的纽结才会满足这种性质。但是，这个目标的实现看起来遥遥无期。

---

① 这是模 7 运算，参见本书第 22 篇。

077 必需的数学
为什么要学习数学？

多少数学是真正必需的？我们真的需要二次方程，函数图形，以及积分吗？学会加法和乘法，知道在商店里该付多少钱，吃饭时付多少小费，这难道还不够吗？有些人还更进一步，鼓吹把这样的计算交给随身的计算器，这对拥有智能手机的我们显然不是问题。

我们不应该真的这么极端，如果真那样想的话，那我们就也可以鼓吹取消学校里的其他科目，比如英语和德语（因为有拼写和语法纠正程序），或者地理（因为有谷歌）。但无论如何，我们有理由提出这样的问题：在当前的教育体系中，数学应该被放在什么样的位置？

在我看来，有三条理由让我们相信，我们对数学不应该浅尝辄止。首先，数学对解决现实世界中的具体问题是有用的，这完全没有争议。从面包店里的心算，到科学的几乎每一个分支，都无法离开数学。每一位打算从事自然科学、工程、人文与社会科学或者医学工作的学生，至少都需要具有基础统计学等多个学科牢固的基本知识。无论使用起来多么方便，计算机都无法替代数学。每一位不会用简单加法验证计算机的输出是否有意义的人，也无法知道超市收银员是否在输入商品价格时输错了小数点的位置。甚至，最先进的统计软件包也无法让用户解脱：检查所采用的程序对目标应用是否有效，确定对积累的数据可以提出哪些问题，决定得到的结果应该如何解读……这些都是用户的责任。没有数学，一个人只能听任奸商的摆布；而像购房这种长期的经济规划，如果不会估算其产生的债务总额，就会变成依赖运气的危险游戏。

其次，数学在所有的智力型学科中具有最强大的魅力。解答数学问题需要毅力和创造性，而这些品质的培养应该受到最大程度的重视。大型企业的人事主管喜欢说，从大学生的数学水平中可以发现这些品质，而它们至少和与本行业相关的技术性知识一样重要。数学家习惯于反复钻研问题，直到获得它的解答。显而易见，这种品质对任何职业都是有价值的。

第三，我们不能忘记，我们的世界是建立在数学原理的基础之上的。从伽利略开始，我们就已经知道"自然这本书是用数学语言写成的"。因此，希望了解世界的本质，就必须具备关于数字、几何对象、以及概率的知识。

所以说，数学在关于自然科学的所有问题中都扮演着重要的角色。一个哲学家如果不具备理解相对论和概率论的基本数学知识，他也就无法有深度地探讨本体论。

不幸的是，学校里的数学教育通常都没有超越它的技术层面。背公式和做练习就可以得到好分数，而这样做的学生其实都错过了数学课的精髓。就像有的人尽管学习法语，却只学语法，而从来不读波德莱尔的诗歌。不过，这话说得有点离题了[①]。

以下各篇可供参考：

本篇讨论了数学三个方面的重要性，这本书中很多的篇章都可以看作这些讨论的支撑，例如：

- "数学是有用的"：第 1，7，9，14，21，62，63，64，71，90，91，93，98 篇。
- "数学是迷人的"：第 4，15，17，18，23，33，48，49，76，99 篇。
- "数学是自然的语言"：第 38，47，51 篇。

---

① 参考本书第 31 篇。

078 天外有天
无穷大的层级

　　如果你面前是两筐苹果，你想知道哪一筐苹果的个数更多，你会怎么做？简单的想法是：每筐苹果都数一下苹果的个数，然后比较计数的结果。

　　但是，如果你不会数很大的数，那该怎么办？那也有办法，我们可以这样做：每一次都从两个筐中同时拿出一个苹果，直到某个筐里的苹果全部都被拿出来为止。显然，被拿空的筐里的苹果比较少。

　　用同样的方式，我们可以比较集合的大小，甚至在无法对它们的元素进行计数的时候也一样。集合论的创立者康托就非常成功地运用了这样的方法，甚至用它进行无穷集合的比较。现在，我们把苹果例子做一点小小的改动，这回我们不再成双成对地取苹果——我们首先把第一个筐里的苹果排成一行，然后我们在这一行每个苹果的下方，以两行苹果一一对应的方式，将第二个筐里的苹果也排成平行的一行。这样，如果两行中的苹果能够完美地对应，那就意味着两筐苹果的个数一样多。而如果两筐苹果的个数不一样，我们显然也能够立刻知道。

　　用同样的方式，我们可以推导出偶数与奇数"一样多"。我们所要做的，只是给出 2，4，6，8…和 1，3，5，7…两个集合中元素的一一对应，而这项任务可以这样来完成：偶数 2 对应奇数 1，偶数 4 对应奇数 3，偶数 6 对应奇数 5，依此类推，每个偶数都对应到比它小 1 的奇数。

　　关于数集的大小，康托发现了不少出人意料的现象。作为例子，我们来考虑有理数集。我们讲过，有理数就是可以写成分数的数，也就是两个整数的商，例如 7/9 和 1 001/4 711。这个集合的元素个数，与自然数集合 1，2，3…的元素个数是"一样"的。这个结论很不符合我们的直觉，乍看起来，分数应该比整数"多"很多才对。

　　康托还证明：相比于所有数的集合，分数的集合小得微不足道。所有可以写成无穷小数的数，其总数是如此之多，以至于它的集合完全没有办法用自然数集 1，2，3…来对应。

无穷与普通的数在很多方面是很相似的，例如，它们相互之间可以比较大小。因此，对两个无穷集合来说，要么它们一样大，要么有一个比另一个更大，"更无穷"。无穷之间的算术运算充满陷阱，悖论和错误结论无处不在。正因此，大多数数学家将自己的研究对象限制在"不太大"的集合的范围内。

分数和整数一样多

我们在前面给出过一个惊人的结论：分数和整数"一样多"！这个结论用一张图就可以清楚地证明。然而，我们首先必须说清楚，"集合 M 拥有与自然数集合一样多的元素"的意思是：存在一条经过 M 的所有元素的步行路径，沿这条路径一步步前进，则 M 的每个元素都将恰好被"踩"中一次[①]。例如，当 M 是偶数集合的时候就是如此，线路的第 n 步"踩"中的是偶数 $2n$。这样，每个偶数恰好对应一步，4 322 对应于第 2 161 步。

那么，我们怎么走才能踏遍所有的分数呢？康托的想法是这样的：把所有的分数巧妙地排成一个阵列。在第一行，我们写下所有以 1 为分母的分数，像这样：

$$0,\ 1,\ -1,\ 2,\ -2,\ 3,\ -3,\ \cdots。$$

第二行，我们写下所有（约分之后）以 2 为分母的分数，即：

$$1/2,\ -1/2,\ 3/2,\ -3/2,\ 5/2,\ -5/2,\ \cdots。$$

接着，我们继续写第三行，第四行，等等。

于是，我们把所有的分数排成一个阵列，每个分数恰好在阵列中出现一次。例如，12/1 331 出现在第 1 331 行。现在我们所缺少的，只是一条步行线路。也许有人会认为应该先沿着第一行走，但那样的想法是行不通的，因为我们永远无法走到第一行的尽头，因而也无法进入第二行。关键的技巧是康托首先提出的，即"康托对角线法"（具体如图 98）。

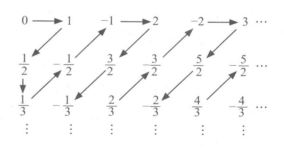

图 98 经过所有分数和步行线路

步行线路从 0 开始，接下来的几个是 1，1/2，1/3，-1/2，-1，…. 说出第几步在哪里并不容易，但每个分数都会恰好被"踩"中一次是显而易见的事。所以，我们说分数和整数"一样多"——在集合论的语境里，我们通常可以去掉引号而不引起误解。

---

① 这等于说，M 与自然数集之间存在一一对应。——译注

079 有可能正确
大概率事件与密码破译

有一件事在最近几十年中越来越明显：随机性的作用并不局限于引发不可预测的扰动，它还能在实际中得到富有成效的应用。我们在本书的第73篇介绍了蒙特卡洛算法，这种算法使我们得以把复杂的计算转交给随机过程。今天，我们将介绍更具有根本性的内容：随机性可以帮助我们发现真理。

例如，我们考虑一个大数 n，其位数达到好几百位。那么，它会不会是素数？这个问题对于密码学等领域非常重要。由于数字的巨大，直接求因数的办法是行不通的，我们必须寻找其他考察问题的角度。

数论告诉我们，如果 n 不是素数（所以是合数），并且至少一半的介于1和 n 之间的数，有一种与 n 相关的性质 P 容易得到验证（准确的性质 P 在这里并不重要，我们避而不谈）。那么，我们可以用随机数生成器，随机选择介于1和 n 之间的数 x，测试它是否具有性质 P。用这样的方式，我们可以对 n 是否素数做出判断。如果一个数 x 不具备性质 P，那么，这要么是因为 n 是素数，要么是因为 n 虽然是合数，但 x 却恰好属于不具备性质 P 的那部分数。除非 n 确实是素数，否则大部分 x 都不具备性质 P 的情形是很不可能出现的。如果连续出现20次否定性测试结果，那么 n 不是素数的可能性大约是 $1/2^{20}$，小于一百万分之一。

用这种方式，数学家们可以得到这种形式的结论："这个数有压倒性的概率是素数"。在很多应用中，这种"工业级素数"完全可以满足该应用的要求。如果对"有一百万分之一机会是合数"我们还感到不够安全，我们可以选择通过连续40次否定性测试的"素数"，把合数的可能性降低到一万亿分之一。这样的数尽管在数学上不能确知它是不是素数，但通常被理所当然地看成素数，在很多领域得到放心的应用。

事实上，在很多情形，我们甚至不必要以压倒性的概率知道正确的结果。一种以50%的概率破解密码的技术，足以让密码的使用者寝食难安。换个生活中的例子：如果你门外有一串钥匙，其中一半可以打开你的房门，你还能安心睡觉吗？

应该强调，在大多数的应用中，我们最好能够坚守经典的方法，它们才能够给我们予准确的答案。如果结构工程师"证明"某电梯稳定运行的概率为99%，你愿意乘坐它到95层去拜访朋友吗？

高概率破解密码

这里我们应该说一说彼特·舒尔的算法，如果有量子计算机可以运行这种算法，那么它就可以对两个大素数的乘积进行因数分解（参见本书第43篇）。我们再次指出，对当前的加密方法来说，分解巨大数字固有的难度被认为是密码安全性的关键[①]，因此舒尔的算法等于是向密码学界投下的一枚炸弹。

我们假设，p 和 q 是两个大素数，用 $n = pq$ 记这两个素数的乘积。现在，我们生成一个介于1和 n 之间的数 x ——这我们很容易做到，计算机内置的随机数生成器可以在瞬间替我们完成。我们已经知道，如果我们计算出伴随 x 的称为"周期"的特征量的值，并且这个周期具有性质 P，那么我们就可以找出 n 的因数。由于至少一半的周期都具有性质 P，因而量子计算机可以使用程序，以大概率计算出周期。算法是这样的：

（1）生成一个介于1和 n 之间的数 x（这和当前的计算机一样快）。

（2）在量子计算机上计算出 x 的周期的一个候选值（如果量子计算机存在，这也会很快）。

（3）重复步骤（2），直到 x 的周期被找到。（是否周期，当前计算机就可以很快验证。）

（4）检验这个周期是否满足性质 P（当前计算机可以很快完成）。如果不是，回到步骤（1），随机选择另一个 x。

（5）用 x 确定出 p 和 q，从而破解密码。

在这个算法中，随机性在两个方面得到了应用。首先，周期只是以特定的概率得到确定；其次，只有（至少）一半的数 x 适合用于确定 n 的因数。但由于破解密码的过程多用或少用几分钟并不重要，这并不算是什么大不了的缺点。

最近几年我们并没有听到什么关于量子计算机的新消息。首先是，在它让人感兴趣的密码学应用面前，横亘着很多技术障碍，人们还没有任何克服它们的思路。其次，人们发现，将感兴趣的问题转化成可以用量子计算机以高概率解决的形式，是一项极为艰难的任务。

---

① 参见本书第23篇。

080 弯曲的宇宙?
谈非欧几何

数学的一个高峰出现于 2000 多年以前，当时，欧几里得把平面几何的基础内容汇编成一部系统性巨著。直线与一对平行线相交，产生的角之间有什么关系？三角形的内角和等于多少？梯形的内角和是多少？尺规作图具体是什么意思？

欧几里得几何学的精确性让人印象深刻，其内容让人叹为观止。所有人都非常清楚，经过任何两点都有唯一的一条直线，经过给定直线 L 之外的任何一点 P，也只有唯一一条与 L 平行的直线。

换句话说，欧几里得的公理系统，以数学方式对我们的日常经验做出了精确的描述。正因此，直到大约 150 年前，它一直都是不容置疑的真理。

但到了 19 世纪，数学家们开始质疑欧几里得的世界观。例如，伟大的高斯（参见本书第 25 篇）用三个山峰（布罗肯、因塞斯堡、霍希尔黑根）作为三角形的顶点，用实验方法来确认，地球上三角形的内角和是否确实等于 180°。在测量误差范围内，欧几里得几何给出了肯定的回答。然而，高斯认为有必要用现实来验证欧几里得几何学的理论，这本身就耐人寻味。

在 19 世纪 30 年代，匈牙利的鲍耶、俄罗斯的罗巴切夫斯基，以及高斯等三位数学家，分别独自创立了非欧几里得几何学——简称"非欧几何"。这些理论都沿着欧几里得的路线，以形式化的方式创立。然而，在这些几何学中，三角形的内角和却未必等于 180°。然后，在 19 世纪 50 年代，黎曼进一步发展了这种几何，为抽象几何学提供了非常一般化的模型。

数十年间，这些思想仅在少数专家之间传播。但是，当爱因斯坦的广义相对论表明，黎曼几何是最好的宇宙结构模型时，非欧几何获得了更广泛的听众。我们打个比方，假如宇宙是二维的，那么我们可以想象它是一张起伏不平的曲面，每个点处的弯曲程度是出现于该处的质量的一种度量。

在这期间，这种相当抽象的几何学也获得了实验的证实。人们观测到的空间弯曲程度极其微小，比高斯实验中出现的测量误差还要低。但即便如此，欧几里得几何与爱因斯坦几何之间的这些微弱差别，在你我的日常生活中还是常常体现出它的重要性。例如，GPS 所用的卫星同步系统实际上依赖于广义相对论。

内角和等于 270° 的三角形

我愿意在这里强调，在进行他的测量时，高斯确实是在与一个巨大的三角形打交道，这个三角形的三条边是连结不同山峰的直线。这是因为，高斯用肉眼进行观测，而由于光线在均匀介质中以直线传播，结果当然是三条边都是直线。

然而，人们在地球上可以用另外一种方法测量巨大的三角形。我们可以想象在地球表面上有一个三角形，它由三个顶点，以及每两点间最短的连线构成。当然，我们所允许的是紧贴地面的连线，穿过地壳的捷径是不允许的。

在一个球面上，两点间的最短连线称为大圆弧。它沿着一条圆弧连结两点，而圆弧所在的圆是一个"大圆"，其圆心就是球心。（也许你曾经觉得奇怪，为什么柏林飞往东京的航线要经过北极，而不是经过俄罗斯？原因就在于连结这两个城市的大圆经过北极点附近。）

图 99 地球表面上的直角和直角三角形

如果我们把大圆弧解读为（球面上的）直线[1]，那么我们就进入了球面三角学的领地，那里有些现象我们需要一些时间才会习惯。例如，我们很容易画出一个三个内角都是直角的三角形（参见图 99）。因此，与平面几何不同，球面上三角形的内角和可以等于 270°。要画出这样一个三角形的话，你可以从北极点开始，沿着某条大圆弧走到赤道，然后沿赤道向东（或向西，随你喜欢）走 10 000 千米（准确地说是赤道周长的 1/4），最后转向北，沿着大圆弧直到北极点。

---

① 这是非常合理的，因为它是球面上两点间距离最短的线。——译注

081 数学 ISO？
数学术语的标准化

    我们从词汇说起。就像其他研究领域一样，记号与约定在数学中的作用相当重要。为什么圆周长与直径的比值有自己的名字，大家都称它为 π？为什么 2 的零次方等于 1？

    采用这些约定的原因有很多。有时只是单个历史事件的结果，而更多时候则是因为它的实用性。在关于圆的各种关系中，π 所代表的那个数经常出现：例如圆的周长是其半径乘以 2π，其中 π 这个数的十进制小数表示是 3.14…。那么，为什么不是其他相关的数，而是它拥有自己的记号？这并没有特别的理由。如果不是 π，而是用它的两倍，也就是 6.28…，拥有自己的名字的话，古往今来的数学都将会节省很多的笔墨。假如这个数有它自己的记号，比方说 @，那么我们就有这样简单的关系："圆周长等于其半径的 @ 倍"。而事实上，在高等数学中，2π，也就是我们的 @，出现的频率比 π 本身要高很多。但是一切都太迟了！现在要在数学界推行以 @ 代 π 的改革，其难度将比在全球推行世界语的难度还要大。

    关于数学中的实用性约定，情形要简单一些，它们只是聪明人偷懒的结果。对于任何一个非 0 的数 a，我们规定它的零次方等于 1，即 $a^0 = 1$。这样一个约定，使我们不再需要各种不同情形下纷繁复杂的指数定律，我们只需要记忆和应用单一的一个指数公式。

    说到这里，我们应该考虑一下"梯形"的定义。对数学家来说，梯形是拥有一对平行边的四边形。然而，在中小学教科书里找到的图形，却总是两条水平边平行（如图 100 中左图），从未被画成竖直边平行的样子（如图 100 中间的图形）。此外，顶边也总是被画得比底边短。更严重的是，它们永远都只有一对平行边！矩形也有一对平行边——当然，它事实上有两对，但如果矩形不被看作梯形的话，那么，所有对梯形已经证明的结论，对矩形就必须重新证明一遍，而这是非常吃力不讨好的事。

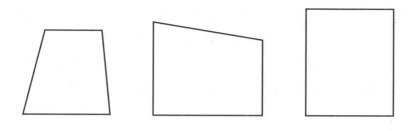

图 100 梯形

世界上不存在任何数学标准委员会。人们提出新的术语和记号，随着时间的推移，它们被数学界逐渐接受或淘汰。这个过程中不会有热烈的争论，因为大多数数学家都专注于更重要的事情。有些人认为数学在某种程度上是自上而下的"给予"，他们很难想象出数学约定从被提出到被接受的真实过程。人们最终承认矩形也是梯形，这不是因为天堂里的上帝传下什么福音，也不是因为什么聪明人组成的委员会下达过规定。其真正的原因是：人们形成了统一的看法，梯形应该定义为这样的四边形：它拥有至少一对，而不是恰好一对平行边。

为什么 1 不是素数？

以上内容在报纸上刊登之后，我才注意到这样一个事实：有一群德国数学家，他们希望仿照德国工业标准的制定规则，为数学引入自己的规范。然而，尽管这样的规范有它存在的价值，但许多年过去之后，大部分职业数学家却都没有注意到这个设想。

原因是多方面的。首要原因是惯性定律：大家都习惯于继续使用在学校里学到的术语和记号，共识与方便性之间于是存在着矛盾。例如，如果 A 是 B 的一个子集①，我们说"A 包含于 B"。那么，如果使用记号，这应该写成 $A \subset B$？还是 $A \subseteq B$？很显然，第二个更有道理，因为它显然允许两个集合相等的情形。"$\subseteq$"这个符号类似于用于数值间表示"小于或等于"的符号"$\leqslant$"，所以它比"$\subset$"更适合表示"包含于"。而后者应该表示与"$<$"相似的意思，也就是"真包含于"。然而，道理在这里讲不通！现实中"$\subseteq$"并不是很常见，由于可以在黑板上少写一笔，教师们更经常使用"$\subset$"来表示"包含于"。（当然，德国工业标准规定使用"$\subseteq$"。）

---

① 如果集合 A 的每一个元素都是集合 B 的元素，那么 A 就是 B 的子集。因此，由 1 和 3 组成的集合是由 0、1、2、3 组成的集合的子集。当然，任何一个集合都是它自己的子集。对于不等于自己的子集，我们可以用"真子集"的概念来表达。

最后的原因可以算是"意识形态的"。人们用符号ℕ表示自然数的集合，这没有问题。但是，零是否属于这个集合？不同类别的学者有不同的看法。对逻辑学家等很多人来说，ℕ表示的是 0，1，2，3，…，但多数数学家认为它表示的是 1，2，3，4，…。

结果是，采用什么样的约定是不重要的，重要的是阅读数学书的正文之前，我们必须认真阅读作者关于书中的术语和记号含义的说明。通常，作者会采用对他的日常工作更方便的约定。

如果有人将"素数"定义为"只能被自己和 1 所整除的自然数"，那么 1 也就被当成了素数。但如果 1 被承认为素数，那我们将付出很大的代价：自然数写成素数乘积的方式将不再是唯一的。例如，假如 1 算是素数，那么 6 既可以写成 2×3，也可以写成 $1 \times 1 \times 2 \times 3$。前一种写法有两个"素因子"，后一种则有四个。

由于我们不愿意失去"唯一分解定理"，1 就必须被排除在素数的队伍之外。因此，由习惯及用途共同决定的素数定义是：只能被自己和 1 所整除的，大于 1 的自然数。这就是为什么，全世界最小的素数是 2，而唯一分解定理则得以如愿成立。

082 扇动翅膀的蝴蝶
混沌理论与线性问题

"一只蝴蝶在希腊扇动翅膀，可能在佛罗里达掀起一场龙卷风。"这句源于混沌理论的话，以"蝴蝶效应"之名在公众中享有很高的知名度。在这句话的流传过程中，"希腊""佛罗里达"和"龙卷风"经常被其他的地点和风暴所替代。问题是，这句话的含义究竟是什么？

在比较肤浅的意义上，这句话当然是对的，因为每个事件都"或多或少地以某种方式"依赖于所有其他的事件。但是，我们没有能力更精确地描述这种相互依赖，因为，甚至对蝴蝶周围气流的准确描述都不是我们力所能及的事。

图 101 煽动翅膀的蝴蝶

很重要的一点是，蝴蝶效应可以用来说明我们生活中很多领域出现的现象：一个过程初始条件的一点点微小变化，可能大大影响其最终的结果。如果你在打台球时尝试过三库①解球的话，就会知道出球角度的微小变化将导致母球走位的戏剧性改变。

在很大程度上，蝴蝶效应是哲学的而不是实用的描述。我们永远只能在一定误差范围内了解一个系统的初始位置，微小的误差永远不可避免，我们进一步了解细节的过程不可能永远都能获得明显的进展。在19世纪初，

图 102 龙卷风

---

① "库"指球台边缘的弹性衬里，是英语 cushion 的简化音译，近来有改译"颗星"的趋势。——译注

拉普拉斯（1749—1827）曾经过于乐观，他把整个世界描述成一部巨大的机器，并相信在理论上，世界的过去和未来都可以由它当前的状态所确定。现在看来，这实在是太过于天真了。这种情形甚至在思想实验中都是不可能的。因为，根据当前我们关于微观世界的知识，量子的精确测量总是与另一个不相干的量子的随机变化相互关联。

不过，"对初始状态的敏感性依赖"有时候并不会出现，例如，我们可以以极高的精确度，预先计算出行星在将来很长一段时间内的运行轨迹。但另一方面，科学对天气的预测则很快就达到了它的极限。明年6月的婚礼是否适合在户外举行，我们只有在最后时刻才能知道。而这种状态基本上不可能改变：人们永远无法知道，蝴蝶会不会突然扇动起它的翅膀。

线性与非线性

混沌理论给我们提供了一个让我们谈论"线性"的机会。"线性"这个概念出现在很多领域，它的含义各不相同。在计算机领域，它的意思是"一个接一个"，各个指令每次一个地按次序执行。与之相应的是"并行处理"：成百上千的处理器一起合作，很多指令被同时执行。

直到数十年前，就像读我们这本书一样，信息的接收通常是"线性"的：从第一行开始，一行一行地读到结束。但这种方式早已过时，现在我们可以用完全不同的方法来获得信息。在浏览网页的时候，点击任何一个有链接标记的单词，浏览器就会跳转到另外一个页面。我们可以转而浏览新页面，也可以回到原来的网页。这种获得信息的方式，看起来特别适合人类的思绪。

在数学和物理学中，"线性"有它自己的意思。对一个系统，如果叠加的输入值产生输出值的叠加，那么它就被称为"线性"的。举个例子来说，假设这个系统在输入 f 时输出 F，在输入 g 时输出 G。那么，在输入为 $f + g$ 时，它的输出就等于 $F + G$。一个简单的例子就是弹簧的（不过分的）拉伸。如果3千克力将弹簧拉伸5厘米，那么6千克力就将把它拉长10厘米。在自然科学中，下列与"线性"相关的事实扮演着重要的角色：

- 在小尺度范围内，很多物理过程都是近似于线性的。这是因为，大多数自然的过程都是相对地连续一致的，没有什么突然的变化。因此，它们的图形比较光滑。由于一小段光滑曲线可以很好地用直线（即曲线的切线）来近似，所以过程看起来或多或少是线性的。

- 另一方面，严格意义上讲，自然界中其实不存在真正的线性过程。如果我们拉拽弹簧时用力过大，引起弹簧结构的破坏和金属张力的变化，它的变形将不再满足线性的规律。而万一你拉断弹簧，那"线性"就完全谈不上了。

- 对一个系统作线性近似可以在相当程度上使问题得到简化。这是因为，此时我们可以只关注其最简单情形的解答，而复杂情形的解答则可以由简单情形的叠加而得到。例如，吉他发出的声音是一组简单振动的叠加，如果你知道怎么产生泛音，你就可以将它们分辨出来。

因此，"非线性×××"本质上比"线性×××"更为复杂，当代数学有无数"×××"的实例，比如非线性算子，非线性偏微分方程等等。很明显，真实世界里大多数我们感兴趣的问题，比如天气、化学反应以及宇宙的演变等等，都可以被归结为非线性问题。而正是这样的问题，迫使我们不得不应对真正混沌的表现。

083 保证发财！
大数字现象

你有没有做过应验的梦？比方说，你梦见二舅妈给你打电话，然后第二天晚上她就真的给你打了？这种现象是可以用"正常"来解释的吗？它是不是超凡力量的作为？事实上，这种现象并不能推翻现代科学，它的解释其实很简单：概率很小的事件，在大量重复的实验中有时也会发生。

为了进一步解释清楚，我们想象一间满满地都是人的房间，每个人都被要求在心里想着一个从 1 到 6 之间的数字。我们只要抛出一颗骰子，无论出现几点，都会与差不多 1/6 的人心里所想的数字相同。而这些人中有些就会觉得自己准确地预测到了骰子的点数。二舅妈的电话和这种情形很有相似之处：那么多的人做了那么多的梦，难免有时会出现梦境与现实巧合的情况。

相似地，有的人有时会发现，（小报或网络上）关于他的星座运势的描述确实"预言"了后来真正发生的某件事情。但事实上，当浏览星座运势的人足够多，并且运势的描述很含糊，似乎适用于很多人时，其中有些话当然是会说中的。

下面，我们提出一种关于这种现象的理论上的应用。（声明：如果有人真的使用这种方法，作者拒绝承担任何道德与法律责任。）找出 1 000 个对赌马感兴趣的人，给他们每人写一张明信片，上面写着你对下次赛马结果的预言。假设这次比赛有十匹马参加，那么你就十种结果各写 100 张明信片。无论赛马的结果如何，都有 100 个人收到准确的预测结果。对这 100 个人，你向他们寄出关于再下一次赛马结果的预言，你告诉前十个人 1 号赛马将会获胜，对接下来的十个人则预言获胜的是 2 号赛马，如此等等。那么，这次赛马结束后，将会有十个人第二次收到准确的预测结果。然后照样进行第三轮：给这十个人寄出你关于第三次赛马的预测。最后，那唯一连续三次都收到正确预测的人，肯定会相信你有预知未来的能力。

现在，你问这个人愿意花多少钱购买下次赛马的结果，你的收获肯定比花掉的邮费多很多。

这个虚拟的应用告诉我们：只要做出大量的预言，其中的某一些肯定会是正确的。世界上有无数的二舅妈，怎么就不会有一两个决定明天晚上给外甥打电话呢？

高速公路边的细杆

我们在本篇讨论的这种现象的基础，是我们不能领会巨大数字含义的又一个例子。我们又能怎么解释，中得乐透大奖的机会既然极其低微（只有 1/13 983 816，即将近一千四百万分之一），为什么几乎每个周末都会有人中到？

为了让事情显得更清楚，我们来做些进一步的解释：想象一段长度为 140 千米的高速公路，这差不多是从上海到无锡的路程[①]。140 千米等于 140×1000×100 = 14 000 000 厘米，所以猜中公路上的某一个厘米，与中得乐透大奖的可能性基本相同。假设公路边某处竖立着一根直径为 1 厘米的细杆，你在这段公路开车时，没有目标地随意扔出一枚硬币，你觉得你会击中那根细杆吗？（如果考虑的是超级乐透大奖，那我们可以把公路延长到 1 400 千米，相当于从上海到深圳的路程。）这看起来是完全不可能的。

图 103　你能砸中细杆吗？

每个周末，数百万人会掏钱去买彩票。在高速公路的比喻中，这相当于说，连续好几个周末，那 140 千米的路段上到处塞满汽车[②]，每辆车上的人都随意地向车窗外扔出一枚硬币。这样一来，某一枚硬币打中那根细杆，就不再是那么不可想象的事情了。

在本书第一篇中我们谈到意大利的超级乐透大奖，其中奖的难度更加不可思议。那个大奖的中奖概率大约为六亿分之一，因此，细杆所在的公路必须长达 6000 千米，大约等于从北京开车到哈萨克斯坦首都阿斯坦纳的路程。然后，在某个地方竖起一根直径一厘米的细杆……

[①]　我们有意用中国的城市替换原文中的德国城市。——译注

[②]　以 2000 万注彩票，每辆车 5 米计算，那是 1 亿米长的汽车队列，相当于地球赤道的两圈半。

084 三十而立?
数学创造性随年龄增长而急速下降?

人们总是听说，数学史上最伟大的成就都是非常年轻的数学家完成的。这，到底是不是真的呢？

在过去几百年里，确实有些年轻数学家，他们的思想推动了数学研究方向的重大改变。这些数学家非常年轻，在今天不过是念高中或大学的年纪。伽罗华（1811—1832）在20岁的花样年华就死于一场决斗，而此前不久他就已经做出了导致代数学革命的重大成果。伽罗华解决的问题是：面对一个多项式方程，我们怎么知道是否可以用四则运算和开方求出它的根？另一个少年天才是我们在本书第72篇里介绍的阿贝尔，这位挪威数学家只活了26岁。在他因肺结核去世两天之后，柏林大学授予他教授职位的信件才姗姗来迟。阿贝尔被认为是挪威迄今最伟大的数学家，为了表彰他的贡献，几年前挪威人设立

图 104 数学家伽罗华

了奖金将近100万欧元①的阿贝尔数学大奖。

现当代同样可以找到这样的例子。每一次重要的数学会议，都会有极为年轻的数学家，在会议发言中介绍他们极为成熟的研究结果。数学界荣誉最高的菲尔兹奖，就是为这样的青年才俊而设立的，获奖者在获奖时的年龄必须不满40周岁。而一旦获奖，世界上最好的教授职位都会虚席以待。

为了能够给安德鲁·怀尔斯颁奖，1998年的柏林国际数学大会不得不对颁奖规则做出相当程度的歪曲。数学界广泛的共识是，怀尔斯对费马大定理的证明，是过去100年来数学界

图 105 数学家高斯

---

① 本书中阿贝尔奖的金额有60万（第37篇）、70万（第72篇）、将近100万欧元等三种数字，我们不作考证，只据原文译出。——译注

最重大的成就。但是，他在作出证明之前数年就已经年届 40。

所以说，年龄对数学研究来说并没有那么关键。对于职业体育，35 岁通常已经是退役的界限。但很多著名的数学家，在漫长的岁月中都持续做出创造性的贡献，高斯（1777—1855）显然是这类数学家中最著名的一个。

也许，最适合用来和数学家做比较的是音乐指挥家：从事迷人的工作，可以让大脑永葆青春。

085 数学中的相等
不同语境中的相等

在一个数学问题中，什么是关键的？什么是无关紧要的？要明白这一点，我们就需要知道什么时候两种情形是"相等"的。这样的话，我们只要精力集中去解决一个问题，另一个问题也就不攻自破了。

那么，在数学领域里，"相等"的含义究竟是什么？令人意外地，和我们的日常生活一样，相等很少表示"完全相同"的意思，它更经常表示的是"在某个方面是等价的"。

需要作快速而简短的记录时，餐巾纸和便利贴一样好用。换个例子，就观看今晚歌剧演出所需要的交通而言，经济型小车，豪华轿车，以及出租车都是等价的。然而，如果考虑成本、路上花费的时间、出行的气派，那么它们之间的"等价"自然就不复存在。

甚至，初等数学的情形也很相似。如果你想向小孩子解释"五"的意思，你可以拿出五个苹果，也可以召集五个小朋友。只考虑"五"这个数目的话，孩子和苹果没有什么区别。

当然，完整的真相要复杂一些。如果想解释清楚抽象的"五"的真实含义，现在的人通常需要从"关于数字的等价"开始说起。这样，"五"就是所有与一只手上手指的集合等价的所有对象的共性。

图 106 扔硬币与掷骰子本质上没有区别

这种原则在数学中无处不在。在几何中，两个角通过平移、旋转以及翻转能够重合，那么它们就是相等的。而在概率论中，用随机性来作决策的时候，扔硬币与掷骰子本质上是绝对没有区别的。（如果扔硬币是根据出现正面或反面来做决定，那么掷骰子可以由点数的奇偶或大小做决定。）

只有通过等价，我们才能够给无限丰富的数学对象带来秩序。每一种语言中也都有相同的原则，普适性的概念使得交流成为可能。尽管每个人对"花"和"漂亮"的理解都不一样，但这并不妨碍我们之间的相互理解。

086 神奇的不变量
数学与魔术

什么依然没有改变？我们可以依赖什么？数百年以来，数学家们都在寻找不变量。用简单的话说，不变量就是经过我们考虑范围之内的那些操作之后，其值仍然保持不变的量。

作为例子，我们来考虑一副完整的扑克牌。在我们洗牌的过程中，显然有些量是不会改变的，比如 J 的数目，K 的数目等等。如果不允许洗牌，而只允许切牌（就是从"中间"分开，然后把下"半"部分放到上面），那么情况就又不一样。这时，所有牌张之间的相对顺序是不会改变的。如果黑桃 A 在红心 Q 向下三张牌的位置，切牌之后的位置关系也依然如故。

当然，我们需要解释"向下"的意思：如果红心 Q 凑巧被切到整副牌的最后，那么黑桃 A 就会是从顶上往下数的第三张。这就是说，我们所说的"向下"应该这样来理解：如果向下数到整副牌的最后一张，那接下来就应该从这副牌的顶部向下继续。

我们可以用这种不变性来设计一个小魔术。把牌里所有的 K 和 Q 都拿出来放在一起，就像我们的附图那样。关键是要让同花色的 K 和 Q 之间的距离都准确地等于 4（黑桃 K 和黑桃 Q 之间的距离，以及红心 K 和红心 Q 之间的距离等等）。如果你把这些牌当众亮开，它们看起来是没有规律的，没有人会怀疑你在玩花样。而如果你接连切几次牌，大家都会相信这牌完全被弄乱了。

图 107 排好顺序的牌

但是，你心里知道，你的操作过程中有一个不变量：每张牌后面的第四张都是和它花色相同。于是，虽然要装作很费功力的样子，你其实很容易从口袋里面或桌子底下掏出花色相同的两张牌。你还可以接着再掏出两张相同花色的牌，只不过这回要记得它们之间的距离是三张牌。显然，你还可以继续，接连又掏出两对花色相同的牌。

这个花招所依靠的，是藏在看起来混乱的表象之下的秩序。在数学中，寻找不变量的努力已经成为进行研究的一种动力。一旦一组容许的变换被确定下来，对这组变换下的不变量的系统性搜索就会立刻开始。在几何学的很多分支中，这种思想已经成为特别重要的分类原则。菲利克斯·克莱茵在1872年提出这种思想，对此后的几何学研究产生了深刻的影响。

图 108 切过的牌

后台故事：牌间距对牌张数取模是不变量

使用我们在第 22 篇介绍的模运算，上述小魔术的原理可以用更加数学化的语言来叙述：

如果总共有 n 张牌，其中两张分别在从上向下数的第 a 和第 b 个位置，那么 $(b-a)$ 就是一个模 n 的不变量。这就是说，不管切多少次牌，这两张牌之间的距离模 n 的值是不会改变的。

要明白这一点，我们对负数需要和对正数一样进行模运算，但这是很简单的事情。每个人都知道，七天前和今天的星期几是一样的，而如果 13 天前是星期二的话，那么今天就是星期一。用数学的话说，就是 -13 模 7 等于 1。

我们必须认识到这其中的细微差别，才能够正确地解释上面所说的不变量关系。举个例子来说，我们下面要用到 -7 模 10 等于 3 这个事实：在总共10 张牌中，红心 A 和草花 J 分别在第 2 和第 5 个位置，这中间的距离是 3。

现在，切牌的位置凑巧是 2，所以红心 A 就移到了第 10 个位置，也就是牌的最底部。同时，草花 J 的位置也因为切牌而改变了，它现在处在第 3 个位置。因此，两张牌的位置差（第二张的位置减去第一张的位置）是 3 – 10 = –7。但这个数模 10 等于 3，也就是原来的位置差。

可延展面上的画

数学不变量中只有几个可以用于变魔术，它们的意义在于把理论上本质的和非本质的部分相分离。为了通过一个比较小众的例子说明这一点，我们需要在一个可延展的表面[①]上画一幅图案。

在这个表面上我们画一个图案，一个三角形，一个圆，好几个矩形，随便什么都行。现在，我们让这个表面变形，有些地方用力拉拽，有些地方放任自由，想怎么折腾都可以。我们的图案当然会跟着改变形状，一个小圆可以变成一个大椭圆，直角可以变成锐角或钝角。

三角形或圆内部的任意两点都可以用一条它们内部的线连在一起，这个性质在表面变形之后不会改变。但若在两个矩形内部各取一点的话，那么它们之间就不可能用与矩形没有交点的线连在一起，这在表面变形之后也依然如故。用数学的术语说就是：连通性是形变操作下的不变量。

---

① 比方说一段宽的橡皮带。

087 影片中的数学
电影是如何表现数学的?

每隔一段时间,影院里就会出现一部关于数学的电影。数学家们看到这些电影时的心情有些复杂,因为它们表现的内容基本上都是老一套。但无论如何,了解一下编剧和导演都看中数学的哪些方面,还不失为一件有趣的事情。

我们来考察一下 1992 年的电影《潜行者》[①](Sneakers)。电影里,罗伯特·雷德福饰演的主角带领一批好人,试图从坏人(本·金斯利饰)手中夺取一个神秘的黑盒子。这个盒子是一个天才数学家做出来的,它可以破解世界上所有的密码。

在突然遇袭去世之前,这个数学家曾出现在一个专业研讨会上。导演本可以从真实的会议上截取一段来用作他的发言,但可能是为了寻求变化,编剧和导演做了认真的研究:会议上数学家们讨论专业话题所用的语言,每一个上过一学期数学的人都能够听懂。尽管影片严重夸大了数学家们破解密码的能力,数学在这部电影里得到了相当不错的呈现。

在一部名为《π》的影片中,夸张走向了另外一个方向:数字神秘主义走到了前台。这部影片说,很多秘密被隐藏在 π 的小数里面。如果有人能够正解地解读,很多神奇的现象就立刻可以得到解释。也许,我们应该把它看作这样的隐喻:π 确实在数学的几乎每个领域都扮演着重要的角色,关于这个数的很多奥秘还在等待我们去探索。

如果在数学家中调查以数学为主题的电影哪一部最受欢迎,当选的毫无疑问会是罗素·克劳主演的《美丽心灵》。这部电影改编自西尔维娅·纳萨尔为博弈论专家约翰·福布斯·纳什所作的传记,数学中感性的一面在电影里得到相当好的表现。解决一个问题那种不可抗拒的冲动可以变得压倒一切,甚至连个人生活都受到严重的危害。

这里表现出来的是:打算和数学家结婚的话,就要准备和一个经常消失在另一个世界的人一起生活。很少有数学家能够按时休息,把与数学问题的战斗留到第二天。

---

① 此片的中文译名很不统一,较有影响的译名还有《通天神偷》和《大盗》。——译注

088 平躺着的 8
无穷及其计算

　　无穷以很多不同的面目出现，数学家们每天都要和它打交道。产生无穷的最自然的方式是计数：我们先数 1，然后数 2，数 3，… 这样一直数下去，永远不会结束。甚至对数学基础的态度最为挑剔的专家，也承认这样产生的无穷是没有问题的。

　　但是，当无穷被当作新的数学对象时，事情就变得有些难办了。我们真的可以讨论所有素数的集合吗？甚至在没有人知道怎么判定一个巨大的数是否素数的前提下也可以？现在的数学界普遍认为，研究这样的集合没有任何不妥，反对者的人数在日渐减少。

　　对注重应用的数学家来说，这种基础问题并不是他们关注的重点。在他们看来，"无穷"不过是比另一个数量更大，而且大到难以形容的数量。相比于月球的质量，太阳的质量在有些情形下可以被看作无穷大；而相对于你的储蓄账户，比尔·盖茨的财富也可以看作是无穷大。很多其他情形也是如此，你可以继续寻找合适的例子。

　　最终，人们对与无穷打交道变得越来越习以为常，可以像计算有限数字一样容易地进行关于无穷的运算。例如，我们有这样的规则："无穷加有限等于无穷"。这相当于说，把你的钱送给比尔·盖茨的话，他并没有变得更富有。或者说，多一张纸不会使一艘航空母舰变得更重。

　　按照这种想法，很多运算都可以得到简化。例如，假如有人想了解太阳、地球以及月球这三个天体

图 109 中世纪所理解的无穷宇宙

之间的相互作用，把太阳的质量当作无穷将使问题大为简化。

所有这些都毫不新鲜。将近 500 年前，哥白尼考虑过一个问题，这个问题只有引入无穷的思想才能够解决——地球围绕太阳运行时，所有恒星的位置看起来丝毫没有发生变化，这我们怎么解释？哥白尼用一种很巧妙的方法回答了这个问题：与地球公转轨道的直径相比，地球到最近的恒星的距离是无穷大！这确实对上述现象作出了解释，但引出了很多神学问题（参见图 109）——突然之间，上帝在无穷的宇宙中没有了位置。天主教会用了好几百年的时间，才最终接受了哥白尼的太阳系模型。

怎么进行关于 ∞ 的运算

数学家们用符号 ∞，一个"躺着的 8"，来表示无穷。它可以被想象成一个特殊类型的数字。如果我们用一条向左边延伸（表示负数）、同时也向右边延伸（表示正数）的直线上面的点来表示"正常的"数字，那么，∞ 就是整条直线右边的一个"点"，－∞ 则则是左边的一个"点"。这实际上的意思是：∞ 比任何"正常的"数都要大。

人们想要尽可能地把通常的数学运算推广到无穷的领域。我们已经提到过加法的推广办法：任何数与无穷的和仍然等于无穷，这可以写成 $a + ∞ = ∞$。无穷与一个正数的乘积同样等于无穷，这可以写成 $a · ∞ = ∞ (a > 0)$。这个规则也很合理，比方说，一次错误的金融交易让比尔·盖茨的财富缩水了一半，结果他依然无比富有。

然而，需要注意的是，一些我们已经习惯了的规则需要作出修正。例如，对于正常的数来说，我们从 $a + x = b + x$ 可以推导出 $a = b$。（这条规则看起来有些抽象，其实它很普通：如果 A 先生和 B 太太同一天庆祝 40 岁生日，那么他们在 40 年前是同一天出生的。）

当无穷可以参与到运算中时，根据加法规则，我们有 $10 + ∞ = 100 + ∞$（两边都等于 ∞），但我们当然不能得出 $10 = 100$ 的结论。

089 书的边缘不够宽
费马大定理与无穷递降法

　　在这本书中我们不止一次说过，数学研究并不总是以有实际用途的应用问题为导向。甚至在看不到任何应用性时，如果一个问题足够迷人，思想家们也可能被它所激发，做出令人难以置信的智力成就。

　　费马大定理的解决就是一个著名的例子。在将近 400 年前的 1621 年，法国数学家巴歇将丢番图的著作《算术》从希腊文翻译成了拉丁文。皮埃尔·德·费马（1601—1665），一位以律师为职业的业余数学家，读到了这本书。他受到丢番图的诱导，与一个特别的数学问题展开了搏斗。这个问题是从勾股定理延伸出来的，所以我们先对勾股定理做一点考察。如果三个数 a，b，c 满足 $a^2 + b^2 = c^2$，那么我们就说 a、b、c 满足勾股定理。当这三个数都是自然数时，它们就被称为一组"勾股数"。勾股数有无穷多组，其中（3，4，5）是最广为人知的一组（$3^2 + 4^2 = 9 + 16 = 25 = 5^2$）。如果一个三角形三条边的边长满足勾股定理，那么它必然有一个直角。这个性质是有实际用途的，比如我们在建造花园时就有可能用到它。

　　勾股数所满足的方程中有三个平方（即二次方），费马很好奇地想：如果把平方改成立方（即三次方），甚至更高次方，情况会是怎么样呢？会不会存在满足方程的整数组？比方说，有没有自然数 a，b，c 能够使 $a^4 + b^4 = c^4$ 成立？费马确信，除了三个数中有某一个等于零这种显然的情形之外，方程 $a^n + b^n = c^n$（$n > 2$）不会再有任何整数解。并且，费马还对 $n = 4$ 的情形做出了证明。显然，费马相信他对 $n = 4$ 情形的证明方法可以推广到其他的指数 n，所以他才在这一丢番图著作译本的页边用拉丁文写道："我发现了一种真正美妙的证法，可惜这里的空白处太小，写不下这个证明。"

　　在此后的 300 多年里，数以十计的数学家（以及数以百计的业余数学爱好者）费尽心机，或尝试证明费马的这个猜想，或试图找出它的反例[①]，使它成为或许是数学史上最

---

　　① 对一个声称普遍正确的断言，一个特殊的例子就足以推翻，这样的例子就称为（该断言的）"反例"。——译注

著名的问题。这为数众多的努力，有些是受到好胜心的激发，渴望在智力竞技中取得胜利，心里想着："那么多人都失败了，如果我成功的话……"但另一方面，这些无畏的、长期以来不断失败的探索，也极大地促进了代数学的发展。

图 110 费马和安德鲁·怀尔斯

现在，世界上所有的人都知道费马是对的[①]。在 1998 年，英国数学家安德鲁·怀尔斯耗费几乎毕生的精力，终于完成了对费马大定理的证明。我们也将无法确切知道，费马当时是不是真的做出了证明。然而，怀尔斯和其他数学家开发出来的，用于证明这个定理的方法是极为艰深的，需要非常多在费马之后发展起来的现代化数学工具。因此，费马几乎绝无可能真正做出过自己这个猜想的证明。

无穷递降法

证明一件事情可以完成，与证明它不可能完成是非常不一样的，费马大定理的证明就是一个很好的例子。我们以 $n = 4$ 的情形作为解释的例子。我们假设，假设事实上真的存在正整数 a，b，c 满足方程 $a^4 + b^4 = c^4$。那么，我们可以编写一个计算机程序，希望这样的三个数最终能够被找到。如果计算机花了一年时间都还没有找到，那我们心里就会开始怀疑：大概这样的数组里都是天文数字，因此计算机才无法找到结果。

但是，如果你怀疑方程没有解呢？甚至几百位长的超大解也没有？用尽世上所有墨水才能写下的不可思议的大解也不存在？这时，我们遇到的是困难得多的问题。解决这个问题的策略，与证明根号 2 是无理数的方法（参见本书第 56 篇）相类似。当时的证明过程是这样的：先假设断言是错的（即假设根号 2 是有理数），然后用演绎方法推导出矛盾。

---

① 不是说他找到了证明，而是说他的不存在勾股数高维类比的猜想。

对费马大定理关于 $n = 4$ 的特殊情形，我们可以用略有不同的办法来证明。如果掌握了数论中的一些基本结论，那么一页纸就足够写下这个证明。其中的窍门是"无穷递降法"，它的证明思路是这样的：

我们证明：如果存在一组自然数 a，b，c 满足方程 $a^4 + b^4 = c^4$，那么就存在另一组自然数 d、e、f，它们满足 $d^4 + e^4 = f^4$，并且 f 小于 c。换句话说，如果存在满足费马方程的三元组，那么就必然存在更小的满足方程的三元组。然而，这是完全不可能的！因为这意味着自然数中存在着无穷递降的数列，但事实上自然数不可能无穷递降，它的递降过程将终止于 1。无论开始时的 c 有多么大，递降序列的长度都不可能超过 c。例如，开始于 5 的自然数的递降数列最多只能是 5，4，3，2，1。而如果我们从 100 000 开始，那么我们的序列会长一些，但最终也会在 1 那里停止。然后，就"game over"了。

不幸的是，对费马大定理来说，只有少数指数 n 的情形可以用无穷递降法来证明。怀尔斯的证明所依赖的，是远为深奥的结果和方法。事实上，在当今数学界，只有为数不多的专家宣称读懂并检验过怀尔斯的证明。

090 用数学看穿五脏
计算机断层扫描与逆问题求解

数学家有时候像是侦探,这一点我们在上学时就已经知道。例如,我们不知道 x 是多少,只知道 $3x + 5 = 26$。这时,福尔摩斯就登场了!如果 $3x + 5 = 26$,那么我们必然有 $3x = 21$,于是 x 就被找出来了:它就等于 7。

在计算机断层扫描技术(简称"CT")中,相似的问题也同样存在——虽然是在更高的数学水平上。作为解释,我们来考虑一个平面图形,比方说一个圆,一个椭圆,或者一个矩形。我们找来一名玻璃工,请他为我们用 10 毫米厚的玻璃切割出图形的一个拷贝。

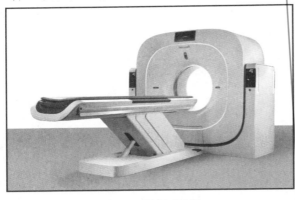

图 111 医用 CT 机

现在,我们拿起这个玻璃图形,将它的薄边对准光的方向。假如我们的图形是一个圆,那么光线在图形中间穿过整条直径,因而其穿行距离比它穿过图形两侧时更长。这样,中间部分就会比较暗,像是墨绿色,而两侧则显得要亮一些。另一方面,如果我们的图形是矩形,那我们会看到亮度相同的光带。

现在,有价值的问题来了:依靠从多个不同角度测量光线的亮度,我们能不能获得图形的形状?答案是让人惊喜的"Yes",而这正是计算机断层扫描技术(CT)的基础(图 111 是一台 CT 机)。这种医学诊断技术的问题,与我们的玻璃图形问题非常相似:从多个不同方向为人类身体拍摄 X 光片,测量 X 光的吸收强度,然后利用这些数据,计算出医生(与患者)所关注的特定器官的三维影像。

这只是一个大概的想法,实现的细节是极为复杂的,只有工程技巧,计算机技术,以及高深数学的结合,才创造出了这种当前医学实践中的标准工具。

在 20 世纪 60 年代，只经过不多的几年时间，CT 就从想法变成了现实。如此快速的原因之一，是它所需要的数学在此前早已被发展出来，躺在知识库里等待着应用的召唤。在将近 100 年前，数学家约翰·拉东（1887—1956）提出"拉东变换"，它可以根据光线强度的测量来重建被照明的对象。

因此，CT 不仅是"高科技"的，它还应该说是"高数学"的。当前，这个领域的研究还在继续，因为它在速度和清晰度方面仍然有提升的空间。

逆问题

CT 技术提出的问题是逆问题的一种特殊情形，这类问题在很多实际应用中都会出现。例如，当我们从多个不同地点测量到地表下面的震动时，就有可能确定出地震发生的准确地点以及地震的强度。相似地，依靠对反射波的测量，我们可以获得地下矿藏的地点及其类型的信息。

所有逆问题都呈现出某种典型的困难，它在 CT 技术中同样也有体现。例如，计算出的扫描结果对测量值相当敏感：微小的测量误差可能导致重建出现重大错误，但任何测量都无法做到百分之百的精确。

为解释这种困难，我们考虑 $0.0001x = a$ 这个方程。其中 a 是一个已知的数值，而 x 则是未知的大数值。数学上的解是很简单的：$x = a/0.0001 = 10\,000a$。然而，在现实世界的应用中，我们并不能知道 a 的准确值。假如 a 表示的是长度，我们的测量精度是 1 毫米。那么，x 的计算把可能的误差放大了一万倍，其误差有可能达到 10 米！

091 计算机里的大脑
神经网络与感知

  数学家是像弗兰肯斯坦[①]那样的科学怪人吗？数百年以来，人们很希望将某些人类智力移植到机器上。科学家们从 20 世纪 60 年代开始持续研究所谓的"神经网络"，认真尝试对人脑结构和功能某些方面进行模仿，以使计算机具有与人类思维相近的能力。

  大脑的基本机能单位是"神经元"，它们是组成神经系统的中央命令与控制结构的冲动传导细胞。人体共有大约 100 亿个这样的细胞，上面总共有数万亿个神经突。在计算机上，与神经元等价的是一种逻辑结构，它们根据特定控制信号的状态，决定将接收到的信号加强或减弱。它们的回应取决于对控制信号的反应，通过参数设置，它们可以获得许许多多不同的行为方式。将几个这样的逻辑结构连接在一起，可能的回应总数将以指数形式增长，人们于是将这种连接结构称为神经网络。

  那么，人们怎么开始选择参数呢？作为简单的例子，我们来考虑银行的决策行为。假设银行设法取得了关于你的年龄、收入、资产、信用记录等方面的信息，根据这些信息，它将怎么决定是否批准你的信用卡申请呢？理想的情况是：银行有一个神经网络，它接收关于申请者的信息作为输入，然后准确判断出哪些是值得批准的申请者，并根据判断结果输出"是"或"否"。

  一个神经网络建立之后，需要对它进行一些"训练"：用其他方法对一批信用申请做出批准与否的决定，将这些申请者信息及相应决定用作"训练集"，即用它们来调整神经网络的参数，使网络对所有这些申请者都能做出与训练集相符的决定。在这一部分，我们需要相当复杂的数学。这样做的目的是，希望经过足够的训练，神经网络能够对全新的申请者做出正确的决定。

  经典数学对这种方法持相当怀疑的态度，这是因为，在调整模型使其符合现实的过程中，并没有对各参数间的相互关系进行任何实际的了解。不过，我们可以理直气壮地问：

  [①] 弗兰肯斯坦是 1918 年一部科幻小说的名称和主人公，后来改编及衍生出许多包括电影在内的文艺作品，成为西方文化中的典型形象，是"科学怪人"的代名词。——译注

银行职员凭"胆识"作出的决策，难道会比经过足够训练的神经网络所作出的更可靠？

感知器

那么，我们怎么对脑细胞进行计算机模拟？一种早期的想法是"感知器"，它也在0世纪60年代开始得到研究。采用最简单的说法，我们可以想象它是一个黑盒子，一端是多条输入线，另一端则是一条输出线（如图112）。

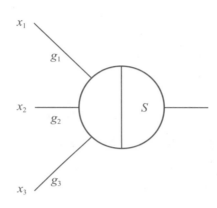

图 112 感知器

感知器所做的事情是：将输入信号 x_1，$x_2\cdots$乘以不同的（感知器预先规定的）权重数 $_1$，$g_2\cdots$，然后再把结果加在一起。接下来，它将 $g_1x_1+g_2x_2+\cdots$ 与（感知器预先规定的）阈值 T 作比较。如果这个和的数值超过阈值 T，那么它的输出电压就设定为 1 伏特。这时，我们说它被"激发"了。而如果和值没有超过阈值，则输出就被设定为 0。

我们举个例子。假设感知器有两个输入信号，它的阈值设定为 1，而两个权重则都是.7。现在，如果两个输入中的一个被施加了 1 伏特的电压，另一个仍然是 0，那么两个输入的加权和就是 $0.7×1+0.7×0 = 0.7$。由于没有超过阈值，所以感知器的输出维持为 0 值。然而，如果两个输入都是 1 伏特，则输入的加权和就等于 1.4，因此感知器就被激发了。

我们可以用这样的角度来看这个例子：一旦选择了合适的权重和阈值，感知器可以成为"逻辑和"电路。这种电路是逻辑运算的基本元件，中文译名很多，有些专业人员将它译成"与门"（如图113）。

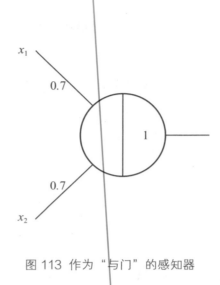

图 113 作为 "与门" 的感知器

但除此之外，感知器能做的并不多。很多读者都会记得，他们在学校里曾经学过：在笛卡尔平面上，所有坐标 (x, y) 满足方程 $ax + by = c$ 的点构成一条直线。同时，所有满足不等式 $ax + by > c$ 的点在直线的一侧，满足 $ax + by < c$ 的点则在直线的另一侧[①]（如图 114）。

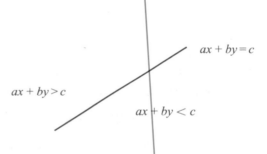

图 114 作不等式 $ax + by > c$ 决定一个半平面

回到感知器话题。我们令 x, y 为感知器的输入信号，a, b 为相应的权重，而 c 则是阈值。这样，感知器可以告诉我们，一个点是不是在平面的某一侧。从上一个例子可以知道，"与门"感知器是可以实现的。因此，我们可以将几个本例中的感知器和"与门"感知器相连接，做成一个微型的"大脑"，它在一个点位于给定的三角形之内时输出 1，否则输出 0。以点的坐标作为输入电压，这种"大脑"很容易实现：如图 115 所示，一个点位于 $\triangle ABC$ 之内等于说它既在直线 G_1 的右侧，又在直线 G_2 的左侧，并且还在 G_3 的上侧。

[①] 请读者注意，图 114 有可能产生误导。事实上，只有在直线方程中 y 项的系数 b 为正数时，$ax + by > c$ 才表示直线的"上方"。——译注

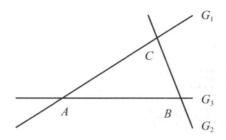

图 115 一个感知器网络可以确定一个点是否在三角形之内

在更加复杂的应用中会出现数十个感知器的连接，这时我们就说它是神经网络。这个网络的权重数值由"试错法"来确定，输出与已知结果越接近，所选择的权重数值就越合适。在我们的信用卡例子中，如果输入的收入、是否有房产、在当前职位的时间等的数值是令人满意的，那么神经网络就输出 1，而当这些数值给出风险提示时，信用卡申请就应该被拒绝。

092 我思故我在
笛卡尔坐标系

　　勒内·笛卡尔（1596—1650）是个卓越的人物，他在年轻时就决心毕生追求学问。在他1637年所著的《方法论》中，我们不仅可以读到他的哲学思想（例如"我思故我在"）还可以在其三个重要的附录中，找到他试图揭示一种新方法之功用的学术案例。

图 116　哲学家笛卡尔

　　笛卡尔著作中有一个附录是关于几何学的，其中的几个想法对数学的发展产生了深刻的影响。而当中最重要的，无疑是将代数与几何统一起来的思想。笛卡尔认识到，几何问题可以转换成代数方程，而代数方程的解在很多情形下也有几何学的解读。由于在一个领域无法破解的问题往往可以在另一个领域获得解决，这种思路带来了巨大的效益。化圆为方之不可能的证明[1]，就是一个特别成功的例子。由于 π 最终被证明是一个特别复杂的数[2]，而只有相对简单的数才可以用尺规作图，因此用直尺和圆规作出与给定圆面积相等的正方形，是不可能完成的任务。

　　不过，对笛卡尔来说，所有这些还在遥远的未来，当时关于数的知识还太贫乏。当时，甚至连负数都仍然受到质疑。在求解方程时，人们不得不使用"正确的"和"错误的"这样累赘的记号，来表示方程的解是正数或是负数。

　　如果没有笛卡尔提供的基础，17世纪自然科学的快速发展将是无法想象的。我们很难相信，他的数学知识全靠自学，而数学研究也只不过是他的业余爱好。

　　应该指出，我们在学校里学到的笛卡尔坐标并不能在笛卡尔的著作里找到。直到1

---

① 参见本书第33篇。
② π 是超越数，参见本书第48篇。

世纪人们才认识到，这样的坐标体系可以将以前需要分别处理的多种几何结构统一起来。

勾股定理的翻译

关于从几何转换到代数所产生的威力，我们来考察一下，如果将勾股定理从几何图象翻译成代数方程，问题会得到什么样的简化。

需要证明的是，如果一个直角三角形的三边为 a，b，c，那么等式 $a^2 + b^2 = c^2$ 成立。我们不妨假定，如果 a 和 b 不相等，那么 b 会更大一些（如图 117）。

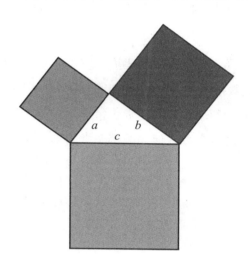

图 117 勾股定理：$a^2 + b^2 = c^2$

证明的窍门是：我们考察一个边长等于 c 的正方形，其内部嵌有四个全等的内接直角三角形。

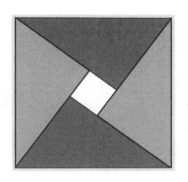

图 118 勾股定理：一种证明

这四个内接直角三角形并没有占据整个正方形的内部，中间还有一个小正方形（如图 118）。从图中明显可以看出，小正方形的边长等于 $b-a$。我们因此得到，大正方形的面积等于边长为 $b-a$ 的小正方形的面积，再加上四个全等的直角三角形的面积。这四个直角三角形的直角边都是 a 和 b，它们的面积都是 $\frac{1}{2}ab$。因此，我们得到这样一个等式：

$$c^2 = 4 \times \frac{ab}{2} + (b-a)^2 。$$

现在我们用一点代数技巧。我们记得 $(b-a)^2 = a^2 - 2ab + b^2$，将它代入上述等式，我们就证明了

$$c^2 = 4 \times \frac{ab}{2} + (b-a)^2 = 2ab + a^2 - 2ab + b^2 = a^2 + b^2 。$$

这样，我们就用简单的代数推演替代了复杂的几何证明。

这个例子不应该给我们留下这样的错觉：笛卡尔只关注一些相对简单的问题。事实并非如此，笛卡尔所考虑的大多数几何问题都非常困难，在将近 400 年后的今天，数学家们仍然很难找到它们的答案。

093 宇宙是否有孔洞？
庞加莱猜想浅谈

　　数学领域存在着许多长期悬而未决的难题，克莱数学研究所对其中七个问题的解决分别提供了高达 100 万美元的悬赏[①]。数学家们都认为庞加莱问题将会是第一个被解决的问题。如果他们的预言真的成为现实，那肯定将轰动一时[②]。因为，对庞加莱这个著名的猜想，几代数学家已经为他们的失败而咬牙切齿。

　　庞加莱问题涉及的是对"空间"的理解。在讨论三维空间之前，我们先来考虑二维空间中的问题，这样我们比较容易把问题形象化。什么是曲面之间"本质的"不同？我们很快就可以取得一致意见，那就是：如果一张曲面不能通过连续变形变成另一张曲面，那么它们就有着本质的区别。

　　从这个意义上说，橘子的表面和足球甚至地球的表面没有本质的不同，但与救生圈却存在着本质的差异（参见图 119）。数学家们在 19 世纪开始对曲面进行分类，而这项工作现在已经圆满完成。

　　对于三维的情形，也就是在三维空间中，相应的问题看不到解决的希

图 119 两个有本质不同的曲面

望。为了解释庞加莱问题，我们需要先介绍一个专业术语，也就是"单连通性"。想象你把整个公寓完全腾空，家具都挪走，门窗都关紧，室内的所有门也都全部卸掉。然后，你拿出一条绳子，在家里各个房间之间随便拉来拉去，最后，把绳子的两头打个结，连在一起。现在，你不断把绳子往自己手里拉，结果——可能你把绳子完全收到手上，但也可能在哪里被阻住，没有能够完全收回。不难想象，后一种结果的原因在于：你家里

---

① 参见本书第 57 及第 37 篇。

② 猜想已被证明，请参考稍后的译注。——译注

存在一条环路（见图 120 中的右图）。

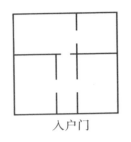
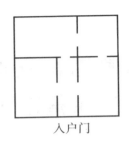

入户门　　　　　　　　　入户门

图 120　你的家是单连通的吗？

因此，我们可以这样来下定义：空间中的一个区域被称为是单连通的，如果它像图120 中的左图那样，任何部分都不能被绳子套住。（这种定义也适用于二维曲面，球面当然是单连通的，但救生圈的表面就不是。）庞加莱猜测说，（三维）空间中本质上只有一个单连通区域，而且它从技术意义上说"不是很大"。

庞加莱在大约 1900 年提出这个猜想。从那个时候开始，人们在对空间的理解方面取得了巨大的进展，但这个猜想却依然未能解决。这让人颇为失望，因为，数学其他方面一些看起来更加困难的问题，都已经得到了圆满的解决。然而，现在问题的解决已经近在眼前。这样谨慎的措辞是必要的，因为，俄罗斯数学家佩雷尔曼所提出的证明策略，至今还没有得到关于其细节的完整的验证[①]。而数学家们只有在对每一个细节都进行严格的推敲之后，才会最终承认一个证明的有效性。这种严格的检查可能需要一段时间，但就这次而言，数学界对最终结果都非常乐观。

这种等待是值得的。如果佩雷尔曼的证明是正确的，那么比原始结果更多的成果就有可能随之而来。这样，我们就会拥有所有空间结构的分类，而任何一种都将可以用八种不同的几何结构来构建。这原本是美国数学家威廉·瑟斯顿（1946—2012）在 20 世纪70 年代作出的预言，但在佩雷尔曼之前没有取得任何进展。

庞加莱猜想的证明很可能丰富我们对宇宙结构的理解。19 世纪的数学家发展了几何学知识，爱因斯坦的广义相对论正是得益于这些数学进展。因此，庞加莱的想象力也可能在今后我们对宇宙的描述中起到重要的作用。我们知道宇宙的局部是三维的，而有些理论认为宇宙虽然有限，却不存在边界。当然，在二者的简单联系得到理论和实验的双重支持之前，科学家们还有很多问题需要探索。

---

① 佩雷尔曼在 2003 年给出证明（的概要），并在 2006 年获得数学界的一致承认。他因此获得菲尔兹奖，但他拒绝领奖，并拒绝接受克莱研究所颁发的 100 万美元奖金。——译注

094 复数并不复杂
复数介绍

如果你计算一个普通的数的平方，你会得到一个正数。三乘以三等于九，负四乘以负四等于十六。所以，也许你很难想象，一个数的平方会等于负数。

数百年以前，当数学家们开始系统地研究所有方程的求解问题时，他们也遇到了这个难题。对这个问题的解决方案中，有一部分不那么令人惊奇，另一部分则有些出人意料。一种不出意外的办法在以前就曾经出现，那就是引进一种全新类型的数。

读者们也许还会记得，相似的事情在学校里其实也发生过。在背熟了乘法表之后，你仍然无法得到满足 $x+3=1$ 这个方程的 x。只有在引入负数的概念之后，你才能得到它的正确答案：$x=-2$。负数实际上是非常有用的，在记录收入和支出的时候，在表示低于 0℃ 的温度的时候，还有无数其他的情况，我们都在使用负数。

引入复数[①]的原因是相似的。我们引入负数是为了对在正数范围内没有解的方程求解，使用复数的必要性，则是因为类似于 $x^2+1=0$ 那样的方程：这个例子中解的平方等于 -1。

出人意料的部分是：这种包含每个负数的平方根的新数域，拥有让人既惊讶又兴奋的性质。所有的多项式方程因此都可以求解，即使考虑的方程非常复杂，数域也不需要进一步扩充。

所有这些，在 18 和 19 世纪都已经得到解决。从那个时候开始，数学家、工程师以及物理学家都像普通人使用 3 和 12 那样，很放心、很有信心地使用复数。复数可以用平面上的点来表示，原则上它们和我们每天面对的那些数一样没有问题。

那么，复数的优点是什么呢？就像会计需要负数一样，复数对于数学家、工程师以及物理学家都是必不可少的。

复数的确不是解决日常生活问题的必需品，在熟练掌握它们之前，人们也确实需要

① 本书在第 55 篇和第 72 篇都曾经谈到复数。简单地说，复数是形如 $x+yi$ 的数，其中的 i 是"虚单位"，是 $\sqrt{-1}$ 的记号。

一些适应的时间。不过,把这些数叫作"复数"和"虚数",显然对它们的推广极为不利。"复杂"和"虚构"这样的修饰词,凭空给它们增添了神秘而诡异的感觉。然而,每一个被它们弄得晕头转向的人都有很多同病相怜的人,在小说《学生托勒斯的迷惘》中,罗伯特•穆齐尔[①]很好地描述了这种场景。

> "你弄明白了吗?"
>
> "明白什么?"
>
> "关于虚数的那些东西啊。"
>
> "没问题,那不是很难,只要知道负一的平方根是计算的单位就行了。"
>
> "这正是问题所在,世界上没有那种东西啊……"
>
> "你说得没错。但是,我们干嘛不能试着给负一开平方呢?"
>
> "可是,如果确实可以那么做,那它怎么又是虚构的呢?"
>
> (节选自罗伯特•穆齐尔:《学生托勒斯的迷惘》)

关于复数我们需要知道什么?

如果你知道下面的事实,那复数对你就不是问题。

(1)它们可以表示在平面上

考虑通常直角坐标平面上的点。在图 121 中,我们画出了坐标为(2,3)的点。

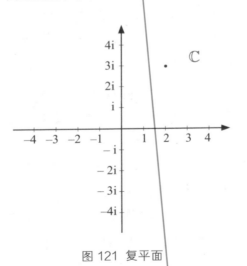

图 121 复平面

我们从现在开始把平面上的点看作复数。对一个坐标为 (x, y) 的点,我们写出复数

---

① 罗伯特•穆齐尔(1880—1942)出生于奥地利,被认为是与弗兰兹•卡夫卡、马塞尔•普鲁斯特、詹姆斯•乔伊斯并列的,20 世纪最重要的现代派作家。——译注

242·094 **复数并不复杂**

$x+y$i。例如，图 121 中的那个点表示的是 2+3i 这个"数"。这看起来有些神秘，但重要的是我们可以把任何一个点写成相应的复数，例如（12，14）可以写成 12+14i。反过来也一样，3+2.5i 就对应着（3，2.5）这个点。

（2）复数的计算是容易的

加法的定义很简单。比方说，我们要把 $2 + 3$i 和 $7 + 15$i 这两个数加起来，那么我们只要分别把它们的"实部"（就是没有 i 的部分）相加，把"虚部"（就是有 i 的部分）也相加就可以了。这就是说，由于 $2 + 7 = 9$，$3 + 15 = 18$，所以上述两个复数的和就等于 $9 + 18$i。相似地，$-6 + 3$i 与 $-3 + 2.5$i 的和等于 $-9 + 5.5$i。

复数的乘法运算就像是多项式之间的乘法，要点是每当出现 i×i 时，我们就用 -1 来代替它。例如，我们要将 3+6i 与 $4 - 2$i 相乘，按照"通常的"乘法，我们得到 $12 - 6$i+24i $- 12$i×i。现在，我们按照 i×i $= -1$ 的规则，把最后一项简化成 $-12×$（-1）。于是，这两个复数的乘积就等于

$$12 - 6i + 24i + 12 = 24 + 18i。$$

我们注意到，由于 i×i $= -1$，现在方程 $z^2 = -1$ 就有解了[①]。

（3）有了复数，线性的、二次的、三次的……所有的多项式方程都可以求解

这意思是说，无论一个多项式的阶是多少，无论它的系数是不是复数，都会有复数

$$z = x + y i$$

满足那个多项式方程。因此，举个例子说，一定存在复数 z，它满足方程

$$z^{10} - 4z^3 + 9.2z - \pi = 0。$$

这个事实的重要性怎么说都不会过分。例如，当一个工程师寻找电路或巨型雷达天线的频率特性时，相关方程的复数解将会告诉他系统是否有可能失去稳定性。

任何多项式方程都有解，这是复数的重要意义所在。很多数学家在 17 世纪就已经猜测到这一点，但直到 1799 年，伟大的高斯[②] 才首次对它给出严格的证明。

---

① 在复数领域，我们同样用 z^2 表示 $z \cdot z$。

② 参见本书第 25 篇。

095 埃舍尔的图
埃舍尔、图形、无穷与密铺

莫里茨·科内利斯·埃舍尔（1898—1972）是一位著名的荷兰图形艺术家，他的作品在艺术品行家的眼里并不是特别出色。然而，是否应该在某种程度上修正这种观点，并不是我们要讨论的话题。无可争辩的是，从数学的角度看，埃舍尔的图形在几何学的多个方面是相当有趣的。

第一个几何学上的趣味点是平面的密铺。所谓"密铺"，就是用重复的基本图案覆盖整个平面，很多铺好（瓷砖或大理石等等）的地板都体现了这种思想。举个例子说，如果你画一个矩形，那么你可以变换方向、无限重复，用它铺出一个无穷的棋盘。你可以把事情做得更漂亮，可以涂色，可以把它们翻转，还可以从一边切下一块，然后接到另一边。除了方形，你还可以用三角形，平行四边形，梯形，还有正六边形等等。事实是，我们有很多密铺平面的花样。

对这件事情，埃舍尔做得像数学家一样：密铺平面有多少种不同的方式？它们应该怎么描述？尽管他对数学只是业余爱好，埃舍尔却做出了全面的分类，并且在作品中全部付诸实践。连研究相似问题的数学家，对此都留下了深刻的印象。

另一件给人留下深刻印象的事情，是埃舍尔作品对无穷的表现。无论画画的帆布有多大，在它上面都只能体现出有限的密铺，但埃舍尔别出心裁，为表现无穷寻找出两种办法。他的第一种办法，就是把密铺的对象从平面转换到无界曲面。例如，他对球面实施密铺，形成连续不断的重复图案流。而在他的第二种办法中，埃舍尔应用了一种 19 世纪出现的数学成果——非欧几里得几何。他从 H. S. M. 考克斯特（1907—2003）那里学到的这种几何，使他能够在有限的空间里表现无穷，因此创造出著名的蛇 - 鱼密铺。

最后，我们应该介绍埃舍尔的"不可能"图案，比如有限却永远向上的旋转阶梯。这种图案的每一个细节都显得无懈可击，但观赏者却无法把所有的局部拼成与现实世界相符的三维图像。

图 122 埃舍尔的作品

即使我们认为"局部"和"全局"的相互关系能够用数学方法来描述，数学无法解释的、属于感知心理学的现象仍然存在。通过对埃舍尔作品的考察，有一点变得很清楚：眼睛通常是安静而低调的审查员，它们向我们的意识传递的是预先处理过的信息。

埃舍尔 DIY

你想不想创作你自己的埃舍尔图案？也许你恰好需要一种填满空间的图案，用于墙纸设计或者是礼品包装。尽管很久以来人们就已经知道，本质上不同的密铺图案总共只有 28 种（埃舍尔把它们全部用在自己的作品中），但仍然有无数的可能等待着雄心勃勃的密铺爱好者。

你可以从相对简单的图案入手。用密铺的专用术语来讲，我们从 CCC 基本型开始。要理解这个术语，你首先要知道什么是一条 C 线[①]。这种曲线的关键性质是"中心对称"：以它的中点为中心将曲线旋转 180°，得到的曲线与原来的曲线完全相同。在图 123 中，我们画出了三条这种曲线。

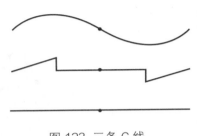

图 123 三条 C 线

现在，你可以让你的想象力起飞了！拿出一张白纸，在上面确定出三个点 P、Q、R。

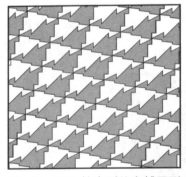

图 124 CCC 基本型的密铺图形

接下来画三条 C 线，一条从 P 画到 Q，一条从 Q 画到 R，最后一条从 R 画到 P——画什么样的 C 线由你自己决定，只有想象力才是你的极限。你画的三条 C 线围出了一个区域，我们把它称为 F。神奇的是，现在你可以用 F 来密铺平面了！有疑问？那你可以实践一下，复制 20 个 F 图形并且裁切好，然后你就可以开始旋转和移动它们，着手尝试密铺了。我们不试图去解释背后的道理，只是给出图 124 使用 CCC 基本型的密铺图形。

如果你把 F 做成天使、魔鬼、鱼、鸟，或者任何你喜欢的图案，那你的作品看起来就会和埃舍尔的杰作非常相似。

如果 CCC 型对你来说还是太复杂，那么你也许会喜欢 TTTT 型[②]。要做这种图案，我们首先需要一个平行四边形。从平行四边形的左下方开始，我们沿逆时针方向，把它的顶点依次记作 A、B、C、D。现在，我们从 A 到 D 画一条你喜欢的曲线，然后将它分

---

① C 是 center 的第一个字母，表示"中心"。

② T 代表 translation，是"转移"的意思。

割出来的部分向右侧移动，直到 DA 与 CB 重合为止。接下来我们画一条连接 A 和 B 的曲线，并把它切出的部分转移到图案的上方。现在我们拥有一个可以相互"契合"的图案，将它复制到上下左右各个位置，就可以完成对平面的密铺。其中的原理实际上很简单，我们的切割和移动都是"无缝对接"，完全没有改变平行四边形可以密铺平面的性质。作为本篇的结束，图 125 提供两个这种密铺的例子。

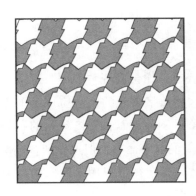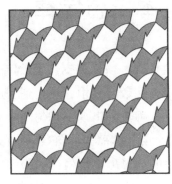

图 125 TTTT 型密铺的例子

096 万物生于1
本福特定律

你有没有注意到，当你观察一个数字表时，你会发现"平等"这个基本定律经常被违反？我们会认为在数字表中，从1到9这些数字出现的机会应该是平等的，但事实却往往不是这样。这种数字出现不均匀的现象是所谓"本福特定律"的一个实例。这个定律以物理学家弗兰克·本福特（1883—1948）的名字命名，但这里的"定律"这个词并不像它在物理学中的意思那么严格。牛顿天体力学定律可以用来精确描述天体的运动，本福特定律则不然，它只是试图给出定性的解释。

我们面对的是"随机性掩盖自己的痕迹"这个主题的一个例子。作为解释的第一种尝试，想象你正在玩一种类似于飞行棋的掷骰子游戏。"游戏盘"上有相邻而标号依次为1，2，3等等的很多格子。你从零开始，连续抛掷骰子，掷出几点就将你的棋子向前移动几格。假如你先后掷出1点、6点，以及2点，那么你首先将棋子移到1号格，然后是7号格（7 = 1+6），再然后是9号格（9 = 7 + 2）。

我们看到，棋子停留的格子是跳跃的，它未必会在101号格里逗留，也未必在某一时刻恰好停在102号格里。那么，棋子恰好停在101号格与恰好停在102号格，哪一种情形出现的概率更大呢？这我们无法确定，因为在"很远的地方"，它们的可能性基本上是一样的。即便骰子制作得不均匀，在多次抛掷骰子之后，我们对棋子会落在哪里也同样毫无头绪。

现在我们回过头来谈谈本福特定律。在上面的掷骰子游戏中，我们面对的是随机性相加时产生的影响。然而，数量本质上常常是以乘积方式起作用的因数。（例如，两倍的降雨导致两倍的可用于灌溉的水，这里的数字"2"就是乘数。）有一个小技巧可以把乘法运算转变成加法运算，那就是取对数[1]。因此，在数量取对数所得的结果中，随机因素的影响是加法式的，因而其产生的影响是均匀的。对我们通常遇到的数量来说，这意味着以"1"开头的数比以"2"开头的数更经常出现[2]，而以"2"开头的数也比以"3"

---

① 　参见本书第36篇。

② 　原文没有进一步的解释，本质上的原因是影响数量的因素通常是乘积式的。我们不提供理论解释，只在这

开头的数出现的频率更高……一直到"9"，都可以类推。

　　你不相信？那你可以自己做个实验：随便想出一个四位数，在它前面添上一个"1"，这样你就得到一个五位数。然后用谷歌搜索这个五位数，记下搜得的条目总数。接着，把首位数改成"2"，然后也相应地进行搜索和记录，如此继续进行下去。最后，你会看到，搜索得到的条目数是递减的！而这个结果，应该可以打消你的怀疑。

谷歌实验

　　据说本福特定律是通过详细观察图书馆里的对数表[①]而总结出来的，当时的人们通常用查阅对数表的办法来进行复杂的乘法运算。本福特发现，图书馆里的对数表手册中，开头数字小的那些页显得更破旧，显然被查阅的次数更多。因此，他通过思考，解决了心中的疑问，同时也就提出了他的定律。我们前面提到过，本福特定理不是真正意义上的"定律"，我们在这里也只是提出它的一种解释方式。

　　毫无疑问，这个定律确实存在。在 2005 年 12 月的一次谷歌实验中，我们用 3 972 作为特定的四位数，在它前面冠以 1，2，…，9，依次进行搜索，得到的条目数如下：

数　字	搜得条目数	理论比例 (%)	搜得条目理论值
13 972	389 000	30.1	346 000
23 972	232 000	17.6	203 000
33 972	136 000	12.5	144 000
43 972	117 000	9.7	112 000
53 972	71 400	7.9	91 000
63 972	65 300	6.7	77 000
73 972	44 600	5.8	68 000
83 972	54 100	5.1	59 000
93 972	42 300	4.6	53 000

　　我们看到，表中实际搜索得到的条目数，开始时比本福特定律预言的要高，后面则又比定律所说的低。但无论如何，对这样的实际结果，本福特定律还是一种很好的定性解释。

选举是否受到操纵？

　　在 2009 年 7 月，有人怀疑伊朗的选举出现了舞弊行为。本福特定律应该可以用来检验这种怀疑，但选举的相关数字却没有给出支持性结果。因此，这种怀疑大概只不过是用来打发炎夏中几天空闲的材料。

里提出一个相关的问题：把所有 $2n$ 写成十进制数，那么这些数字中以"1"开头者占多大比例？答案是 lg2，即大约 30.1%，有兴趣的读者可以思考它的证明。——译注

① 对数表有好多页，通常是一本手册。

097 莱比锡市政厅与向日葵
黄金分割与菲波纳契数列

　　黄金比例是整个数学领域中最重要的数字之一。如果你的记忆有些模糊，那我们就一起来回忆一下：一个矩形，如果它的长与宽的比例，与其长加宽与长的比例相等，那么这个比例就称为黄金比例。为了确定这个比例的数值，我们假定矩形的长等于 x 而宽等于 1。于是，根据黄金比例的定义，我们有：

$$\frac{x}{1} = \frac{x+1}{x}。$$

等式两边同时乘以 x，则得到

$$x \cdot x - x - 1 = 0，$$

按照二次方程的求根公式，我们得到两个解：

$$x = \frac{1 \pm \sqrt{5}}{2}。$$

当然，我们的比例是正数，所以它等于 $\frac{1+\sqrt{5}}{2} = 1.618\cdots$。

　　有些人认为，长宽比等于黄金比例的矩形看起来最漂亮，而这个比例也确实经常出现在建筑物上，很多古希腊以及现代建筑的外形中都能看到黄金比例的影子（举个例子，德国莱比锡市政厅的塔楼就以黄金比例分成多个部分）。然而，在我们的日常生活中，我们通常使用国际标准 A 系列尺寸的白纸，这些纸对折得到的矩形，与原纸的形状相同。于是，我们对它的长宽比变得越来越习惯了，而这个长宽比很容易计算，它是 2 的平方根，也就是 $1.414\cdots$。

图 126 德国莱比锡市政厅塔楼

　　黄金比例的重要性体现于这样一个

事实：它在数学的几乎每一个分支里都会以这样或那样的形式意外地现身。这个术语本身是一个几何学术语，它在几何学中的作用也显而易见。然而，它在只涉及数字的场合里也时常出现，比如说著名的菲波纳契数列。这个数列的前两项都是 1，此后每个项都是其前面两项的和。因此，在 1，1 之后，我们有 2，3，5，8，13，21，…等等。这个数列后项与前项的比例会越来越逼近黄金比例，甚至 21/13 = 1.615…就已经是黄金比例一个相当不错的近似值。

在我们周围的大自然中，菲波纳契数列随处可见，例如葵花籽的排列方式（图 127）。而如果你手边有一个卷尺，你也可以在自己身上寻找这个比例。肘部到指尖的长度与肘部到腕部的长度的比值，就是很多例子中的一个。

图 127 葵花籽按照菲波纳契数列螺旋排列

但是，这些结果有可能让人很快陷入胡乱猜测的错误。有可能有人会猜测，格林童话里好人和坏人数量，是不是也会符合黄金比例？

连分数

黄金比例的重要性在其他方面也有体现：它与一种近似的方式有关。在处理不能表示成分数的数值时，用分子和分母都不太大的分数来作为它的近似，通常是一种方便的办法。例如，分数 22/7 = 3.142 85…就是圆周率 π = 3.141 59…的一个不错的近似。古埃及人在 2500 年前就知道这个近似分数，而这样的近似值在很多日常应用中都是足够的。

对一个数最好的近似分数可以由连分数得到。获得这些分数的过程比较复杂，下面我们来介绍具体的做法。

连分数是用方括号括起来的自然数列来表示的，这种符号的解读方式如下：

记　号	表示的意思
$[a_0]$	a_0
$[a_0, a_1]$	$a_0 + \dfrac{1}{a_1}$
$[a_0, a_1, a_2]$	$a_0 + \dfrac{1}{a_1 + \dfrac{1}{a_2}}$
$[a_0, a_1, a_2, a_3]$	$a_0 + \dfrac{1}{a_1 + \dfrac{1}{a_2 + \dfrac{1}{a_3}}}$
$[a_0, a_1, a_2, a_3, a_4]$	$a_0 + \dfrac{1}{a_1 + \dfrac{1}{a_2 + \dfrac{1}{a_3 + \dfrac{1}{a_4}}}}$

上面的表格看起来有些抽象，我们来看两个具体的例子：

$$[3, 9] = 3 + \frac{1}{9} = \frac{28}{9},$$

$$[2, 3, 5, 7] = 2 + \cfrac{1}{3 + \cfrac{1}{5 + \cfrac{1}{7}}} = \frac{266}{115}。$$

如果我们用最优的连分数来逼近一个数，那么表示连分数的序列越长，它的逼近程度通常也就越好。这是因为，连分数序列中除第一个以外的所有数，都出现在它所表示分数的分母之中。序列越长，分母的增长也就越快，被逼近的那个数的更多小数位也因此被准确地表示出来。

回到黄金比例的话题。黄金比例具有一个特别引人注目的性质：在所有无理数中，它是用连分数逼近时逼近效果最差的那一个。这里我们的意思是，它的连分数序列里的数小得不能再小，因而需要很长的序列才能得到它的精度较好的近似值。事实上，逼近黄金比例的连分数序列是 [1]，[1, 1]，[1, 1, 1]，[1, 1, 1, 1] 等等。这个性质在卡姆理论[①]中倒是具有其重要性，人们从这个理论可以推出，如果一个振动系统的频率关系是黄金比例的话，那么系统对振动就特别不敏感。

① 这是关于某种方程组解的稳定性理论，由科尔莫戈罗夫 (Kolmogorov)、阿尔诺德 (Arnold) 和莫泽 (Moser) 三人提出和证明，故以他们姓氏的首字母命名，合称 KAM 理论，中文音译为"卡姆理论"。

一个图形谜

互联网上广泛流传着一个有趣的图形谜，它事实上和菲波纳契数列有关。在示意图128中，一个三角形被分割成四块。而在调换这四块的位置之后，同样的三角形看起来却少了一个小方块。这是怎么回事？我们将在本篇的最后给出解答。

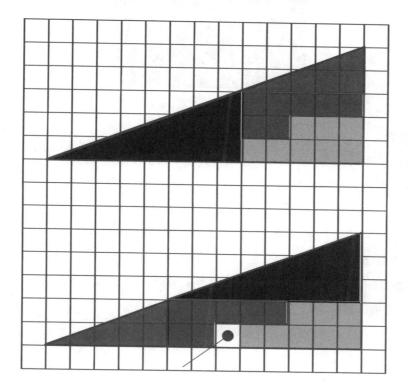

图 128 怎么缺了一块?

帕乔利二十面体

卢卡·帕乔利（1445—1517）是中世纪一位意大利数学家，他发现了黄金比例与正多面体之间的一种有趣联系。

取三个长宽比等于黄金比例的矩形，也就是长大约等于宽的 1.618 倍的长方形。

将这三个矩形相互垂直地穿插在一起，得到图129所示的形状。（如果它们是用木板做成的话，你当然需要锯掉一些地方。）现在，见证奇迹的时候到了：如果你用细绳把这些矩形的顶点连结起来，那你就得到了一个帕乔利多面体，一个正二十面体。

就像本书第 55 篇的"最美数学公式"一样，这是一个让人印象深刻的例子——不相干的数学分支之间却出现了如此神奇的联系！

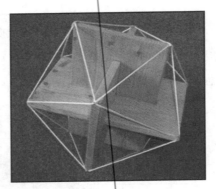

图 129 帕乔利二十面体

图形谜的解答

在重新拼接那四个部件时，小方块会消失或（反之）出现，其原因在于：那个大图形其实根本就不是三角形！在图 127 上部的图形中，那条看起来像是斜边的线实际上向内凹了一点点，而在下部的图形中，相应的线则略微向外凸出。

你可以用简单的计算来证明这一点：棕色三角形的斜率等于 3/8 = 0.375，而蓝色三角形的斜率则是 2/5 = 0.4。有趣的是，这两个分数中出现的数字，即 2，3，5，8，恰好是菲波纳契数列的一部分。而菲波纳契数列产生逼近黄金比例的分数这一事实，与 2/5 和 3/8 之所以数值相近具有密切的关联。

098 最优信息包
编码理论、汉明码与校验

在我们生活的几乎所有方面，都有在兴趣相同的人群中传送信息的必要。一群爵士乐手之间如何相互理解，以使他们的合作更加和谐？两个人怎么配合才能够跳好探戈？你要付账的商品的通用产品代码[①]是什么？这些问题催生出数学的一个新领域：编码理论。编码理论研究如何"最优化"地将信息"打包"，但最优化的目标则因具体情形的不同而不同。

图 130　本书的商品代码

例如，信息应该怎么样传送，才可以使接收者能够正确解读，即使信息文本在传送中出现错乱也不例外？对这个问题，天真的解决方式也许是多次（比方说五次）重复发送同一条信息。五个拷贝在同一个地方出现错乱的可能性微乎其微，因此信息接收者可以从五条信息中拼凑出正确的内容。

这种办法非常大的一个缺点是它太浪费资源，而事实上我们有更漂亮的解决办法。使用计算机的话，有一种办法是将信息转换成一长串"1"和"0"。我们假设，每个符号都用一个长度为十的串来编码。作为信息是否完好到达最简单的检验办法，我们在编码的末尾添加一个"1"或"0"，具体数字取决于（符号的）10 位编码中"1"的个数是偶数还是奇数。这样，如果最后这位"检验码"与 10 位编码的情形不符，接收者就会知道这个符号在传送中出现了错误。用这种办法，只要增加十个百分点的传送量，信息的准确性就可以得到检验。当然，在出现错误的时候，我们无法知道错在哪里，也不知道如何纠正。不过，这些问题通过对编码方法的改进可以得到解决。

编码理论的高超之处是：甚至在干扰很强的环境下也能够可靠地传送信息，接收者可以信任所有收到的信息。成功通信的典型例子是地外图像的远程传输——例如从火星

[①]　通用产品代码是一串指代商品的数字，它在商品上通常用黑白相间的条纹（即"条形码"）表示。——译注

向地球传送图片。此外，还有一个不那么引人注目的领域：CD 播放器也非常成功地应用了编码理论。正因为编码理论的应用，你的 CD 播放器才能顺利播放你最喜欢的音乐，甚至在碟片出现严重刮伤时也不会出现问题。

纠错码

我们前面提到过，一个校验码可以告诉我们一次信息传送是否在某个地方出现了错误。假如你收到的信息是 01100001011，那你就会知道它出问题了，因为在每一条 11 位编码中，"1"的个数都应该是偶数。

这种简单的校验方式通常是够用的，比方说，在超市的收银台，当收银员扫码时出现错误时，她或他只要重新扫码就可以了。

然而在有些情况下，准确地知道哪一个数位出错是重要的，因为那样才能够纠正错误，重新构建出正确信息。

第一种有纠错能力而且容易实现的编码是 R. W. 汉明（1915—1998）在 1948 年提出的，他的自我纠错编码的思想在那个年代是革命性的。

为了描述汉明的想法，我们考虑由四个"0"和"1"构成的序列，把它记为 $a_1a_2a_3a_4$。因此，对序列 0110 来说，$a_1 = 0$，$a_2 = 1$，$a_3 = 1$，$a_4 = 0$。我们要给这个序列添加三个数位 a_5，a_6，a_7。这些数位的取值由以下规则确定：

- 如果 a_1，a_2，a_4 中"1"的个数是奇数，那么就取 $a_5 = 1$，否则取 $a_5 = 0$。
- 如果 a_1，a_3，a_4 中"1"的个数是奇数，那么就取 $a_6 = 1$，否则取 $a_6 = 0$。
- 如果 a_2，a_3，a_4 中"1"的个数是奇数，那么就取 $a_7 = 1$，否则取 $a_7 = 0$。

然后，我们传送出序列 $a_1a_2a_3a_4a_5a_6a_7$。在我们的例子中，要传送的信息是 0110，按以上规则确定 a_5，a_6，a_7，序列就扩展成为 0110110。（以 a_7 为例，由于 $a_2 = 1$，$a_3 = 1$，$a_4 = 0$，它们"1"的总个数是偶数，所以取 $a_7 = 0$。）

那么，这样做的好处在哪里呢？假设传送中出现了错误，有一个数位出错了（"1"变成"0"，或"0"变成"1"），我们能做什么？现在，这样的错误完全无关紧要，因为我们知道，序列 $a_1a_2a_4a_5$，$a_1a_3a_4a_6$，以及 $a_2a_3a_4a_7$，三者中都应该有偶数个"1"。假如 a_1 出错的话，那么 $a_1a_2a_4a_5$ 和 $a_1a_3a_4a_6$ 会有奇数个"1"，但 $a_2a_3a_4a_7$ 则没有问题。这就是说，a_1 出错时上述三个序列会出现奇 - 奇 - 偶的现象。如果其他数位出错，情况又会是怎么样呢？我们将所有情形罗列如下：

- a_1 出错，出现：奇 - 奇 - 偶，

- a_2 出错，出现：奇 - 偶 - 奇，
- a_3 出错，出现：偶 - 奇 - 奇，
- a_4 出错，出现：奇 - 奇 - 奇，
- a_5 出错，出现：奇 - 偶 - 偶，
- a_6 出错，出现：偶 - 奇 - 偶，
- a_7 出错，出现：偶 - 偶 - 奇。

通过上述分析我们知道：只要发现序列 $a_1a_2a_4a_5$，$a_1a_3a_4a_6$，$a_2a_3a_4a_7$ 中哪些"1"的个数是奇数，我们就可以准确地知道信息中哪个数位出现了"0""1"互换的错误，因此也就可以把它纠正过来。

一个例子：假设 0110110 在传送中第一位出现了错误，变成了 1110110。

此时，$a_1a_2a_4a_5$，$a_1a_3a_4a_6$，$a_2a_3a_4a_7$ 分别是 1101，1101，1100，属于奇 - 奇 - 偶类型，因此，需要纠正的是接收到的信息中的第一个数位。

值得注意的是，用这种方法我们不仅可以纠正信息中的错误，还可以发现检验位中的错误。在检验位出错时，我们知道原信息没有受到影响，但通信渠道中存在噪声。

同时我们也需要注意，汉明码无法判定接收到的信息是否出现多于一个数位的错误。更精细的纠错编码可以发现并纠正两个或三个错误，甚至任何长度的 0-1 串中的更多错误。正如我们前面提到的，这种纠错对 CD 播放器是至关重要的，因为制造 100% 完美的碟片的成本昂贵到无法承受。

099 地图只需四种颜色
四色定理与图论

拿出一张白纸，画一块你自己想象出来的大陆，并且在这块大陆上画出一些国家。然后，拿出你的水彩画笔，给这些国家涂上颜色。当然，涂颜色时你需要遵守一个规则：有共同边界的国家不能使用同一种颜色。很快你就会发现，无论这些国家的边界是什么形状，甚至是你发挥想象力画出来的奇形怪状，使用四种颜色就完全可以给你的地图着色。下面的图 131 是需要四种颜色的一个例子。

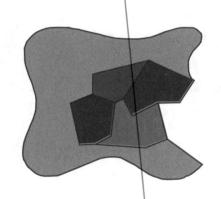

图 131 这张地图确实需要四种颜色

人们在 19 世纪就已经发现了这一事实。然而，数学家们从来都不会满足于大量的实例验证。他们需要一个证明，以确保四种颜色对地图着色永远都是足够的，无论有多少个国家，无论国家间的边界如何犬牙交错。

很多人都尝试着寻找证明，但最终都发现这个问题的难度实在太大。直到 20 世纪 70 年代，数学界才等来它姗姗来迟的证明[①]：四种颜色确实永远都是足够的。

然而，这个证明有一个惹人争议的小特点，使得关于它的争议至今都没有完全平息。

---

① 这个定理通称"四色定理"，它在 1976 年被凯尼斯·阿佩尔（1932—2013）和沃夫冈·哈肯（1928— ）所证明。——译注

事实上，没有人怀疑这个证明的正确性。但是，证明的很大一部分依赖于计算机所进行的复杂运算，其计算量之大，成千上万的人分工合作，都不可能在几十年内用手工计算来完成。对数学家们来说，数百年来他们一贯使用纸笔，这种新的证明方法并不能令他们心满意足，其中许多人至今仍然不肯完全接受这种证明。甚至在数十台计算机多次分别进行验证之后，这种证明仍然未能取得与"人工"逐步推证的证明方式平等的地位。

对于只关心实际应用的人来说，这个四色定理并没有什么重要意义，与"存在无穷多个素数"，以及"π 是一个超越数"没有什么区别。它真正的迷人之处在于：一个叙述如此容易，证明却又如此困难的定理，最终总算得到了证明。而要等到将来的某一天，有人终于做出不依靠计算机的证明的时候，所有人才都能获得终极的满足。

图和地图

数学家们是怎么把复杂问题简化成反映其本质的问题的？四色问题给我们提供了一个漂亮的例子。在选择颜色的时候，国家的具体形状是完全无关紧要的，需要关心的只是两个国家之间是否有共同边界。因此，地图着色问题就转变成为图的着色问题：

在一张白纸上，每一个国家用一个点来表示。如果两个国家存在共同边界，就把代表它们的点用一条线连起来。

这样一个由点和线构成的系统就称为一个图①。这种类型的图在数学之外也颇为常见，地铁线路图和计算机流程图就是其中的两个例子。

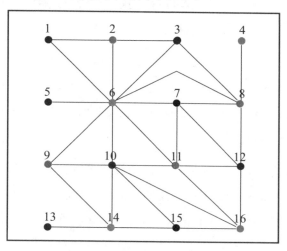

图 132 表示德国各州的图

---

① 这种图和我们在学校里学到的函数图形完全不是一回事。

因此，德国 16 个州的地图可以转而画成图 132。图中，每个数字表示一个州，它们具体的对应关系见下表。

数字	州 名	数字	州 名
1	汉堡	2	石勒苏益格 - 荷尔斯泰因
3	梅克伦堡 - 前波美拉尼亚	4	柏林
5	不来梅	6	下萨克森
7	萨克森 - 安哈尔特	8	勃兰登堡
9	北莱茵 - 威斯特法伦	10	黑森
11	图林根	12	萨克森
13	萨尔兰	14	莱茵兰 - 普法尔茨
15	巴登 - 符腾堡	16	巴伐利亚

这样一来，四色问题就变成这样的形式：能不能只用四种颜色给图中的 16 个点着色，使得图中每条线两个顶点的颜色都不相同？

对德国地图，一种这样的着色方式已经显示在我们的图上（见图 132）。

狼 - 羊 - 菜问题

采用合适的图来表示问题，经常可以使问题变得容易解决。下面，我们举一个简单的例子——我们一起回忆一个传统的谜题：

一名农夫要把狼、羊、菜用他自己的小船运送过河。很不幸地，那只小船实在太小，它每次只能运送农夫以及狼、羊、菜之中的一样。让问题变得复杂的是，如果农夫单独留下狼和羊，狼就会把羊吃掉，而如果他单独留下羊和菜，羊也会把菜吃掉。

面对这样的处境，农夫应该采用什么样的渡河方案？如果我们把问题恰当地重新表达，答案就会很明显。如图 133 所示，我们把河的两岸称为左岸和右岸，并假设农夫他们一开始位于左岸。为简便计，我们把农夫、狼（W）、羊（Z）、菜（K）称为四位旅客。那么，农夫怎么办才能不让狼吃掉羊，并且不让羊吃掉菜呢？我们用一个点来表示一种场景，点上标明当前在左岸的旅客。

采用本书第 12 篇的记号，我们用符号 Ø 表示空集，意味着所有旅客都已经到达右岸。

图中左侧的五个点表示农夫在左岸时的五种场景，而图中右侧的点则表示农夫在右岸时的情形。

例如，左侧第二个点的标记是"羊"，它表示羊和农夫一起在左岸，因而狼和菜在右岸的场景。

图中不画出不可以出现的场景。例如，图的右侧不画标记为"狼羊菜"的点——因为，这样的点表示农夫在右岸，而狼、羊以及菜却都在左岸的情景。这种农夫空手渡河的场景，结果可能是羊先吃掉菜，然后狼又吃掉羊。所以它是不应该出现的场景，我们的图中也就不画出这样的点。

现在，我们来考察可能的运送情形。如果农夫可以从一种场景，带着一位旅客渡河（或去或回）而转换到另一种场景，我们就把相应的点用线连起来。例如，从左侧的"狼羊菜"到右侧的"狼菜"，这条连线表示农夫把羊从左岸带到右岸，而把狼和菜留在左岸。注意，左侧的"狼羊菜"点与右侧其他点都不可能有连线，因为那样的连线表示农夫一次带着至少两位旅客过河，那是问题禁止的超载行为。

用图论的语言来说，农夫渡河问题变成这样：图中是否存在一条从左上点（左侧的"狼羊菜"点，即所有旅客都在左岸）到右上点（即右侧的空集点，表示左岸已空，所有旅客已经渡河）的路径？很显然，这样的路径是存在的，我们一眼就可以从图上看出来。

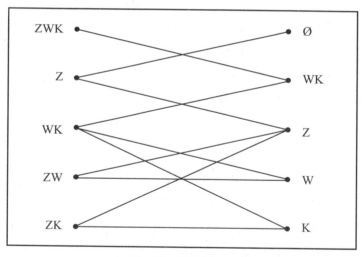

图 133 农夫渡河图

100 学数学，致巨富
谷歌的算法

当谷歌上市后，它的创始人拉里·佩奇和谢尔盖·布林在一夜之间进入了世界富豪的排行榜。

如果你想要效仿他们，那么你首先需要买一台超级计算机，然后创建一个世界上所有网页的目录。目前世界上大约有 200 亿个网页[①]，对每一个网页，你需要对其中所有人们感兴趣的词汇及词组创建索引。这自然是一项耗时巨大的工程，但对于一个天才程序员团队来说，这不是一个不可攻克的难关。当然，所有真正繁难的工作还是要由计算机来完成。

假设所有这些任务都已经圆满完成，那也还是不行。很不幸地，你还是无法提供搜索引擎！其根本原因在于：互联网实在过于巨大。我们举个例子，假设有人提出一个查询，想要查询既包含 "USA" 又包含 "hurricane" 的网页。找出所有含有这两个词的页面并不算太困难，真正难的是如何把找到的结果呈现给查询者。这是因为，典型的查询一般会搜索出数十万甚至数百万的网页，但没有人有时间和耐心浏览所有这些页面。所以，搜索引擎必须把最重要的那些页面放到搜索结果最前面的几页。使用谷歌搜索的人都知道，谷歌非常成功地解决了这个问题。通常，查询者在前几个页面就会看到他或她想要查找的信息。

解决问题的关键是"重要性"的正确定义。谷歌的重要思想是：如果一个网页被许多重要网页所引用，那么它就是重要的。如果我们用一个点来表示一个网页，用两点之间的有向线段（即带有箭头的线段）来表示引用（箭头的出发点表示引用者，箭头所指的是被引用者）。那么，互联网就是一个拥有 200 亿个点，以及无数点与点之间的有向线段所构成的巨大网络。这个网络一个微小的部分如图 134 所示。

[①] 要想感受一下这个数字有多大的话，可以这样来找一找感觉：沿地球表面从北极到南极总共有 200 亿毫米。

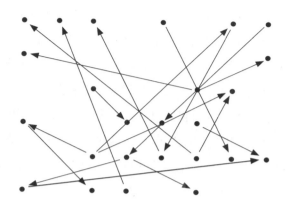

图 134 网页指向网页的网络

　　如果一个点汇集了很多箭头（思维活跃的读者也许会联想起"千夫所指"和"万箭齐发"等不相干的成语），或者说它所表示的网页被很多其他网页所引用，那么这个网页就是"重要的"。当然，"重要"网页的引用应该得到特别的重视。如果我们把网页用 1，2，3，…等编号，并且赋予网页 i 一个表示其重要性的权重 W_i。那么所有这些数字一起，就共同表达了网页间的相互关系。

　　例如，如果网页 5 指向[①]网页 2，而网页 5 又被另外三个网页所引用，那么网页 2 就"继承"了网页 5 重要性的 1/3。再假设，网页 7 也引用了网页 2，而网页 7 又被另外 10 个页面所引用。如果此外再没有网页引用网页 2，那么，网页 2 的权重就满足这样的关系：

$$W_2 = \frac{W_5}{3} + \frac{W_7}{10}。$$

　　很多网页之间的连结方式非常复杂，而所有的网页一起考虑，总共就有 200 亿个未知数 W_1，W_2，W_3，…，以及它们满足的 200 亿个方程。

　　面对这种情形，我们在学校里学到的数学基本上没有用武之地。对大多数读者来说，他们最多解决过两个变量和两个方程的问题。然而，即使对职业数学家，这个问题的规模也还是过于巨大，它甚至引出含有数十万乃至数百万未知量的最优化问题。

　　达到目的的另一种途径是：采用"随机游走"算法。假设有一个迷恋上网的人，他首先点开的网页是 www.mathematik.de。然后，他在这个页面里随意挑出一个链接并点击它，从而进入另一个网页。在那个网页他又看到一批链接，于是又随便点开一个。就这样，他开始了在互联网上的随机游走。在这种网络世界里没有逻辑的漫步过程中，"重要性较高的"网页比"重要性较低的"网页将会更频繁地被访问到。关键的事实是，随机游

<hr />

①　"指向"是指箭头的方向，因此，这里的意思是网页 5 引用了网页 2。——译注

走算法统计出来的相对访问频率，会满足我们前面所说的那200亿个方程。简单地说，一个网页的重要性，可以用大量上网的人在那个网页所花的时间来衡量。

然而，进行这样的计算，看起来并不比求解所有那些方程更容易。如果所要求的是准确解的话，那千真万确就是如此。不过，如果我们只寻求一定精度的近似解（比如说精确到小数点后五位），那么超级计算机花几个小时就可以解决问题。

一旦解决了重要性的衡量问题，也就是求解网页权重的问题，搜索引擎就可以运行了。现在，对所有包含"USA"和"hurricane"的网页，你只要把它们按权重从高到低排序，然后按顺序输出结果就可以了。

这就是谷歌搜索引擎算法的基本思想。但是，谷歌对算法的精细改进，以及具体算法的细节都是极其复杂的。并且，它像可口可乐的配方一样，是公司的最高机密。作为必要的改进的一个例子，我们来考虑这样一种场景：随机游走算法的过程中出现了"死胡同"，也就是说，进入了一个没有任何链接的网页。为了避免这样的场景，算法以某个预先设定的概率 p 忽略网页中的链接，转而在整个互联网中随机选择一个网页。这对于具体的上网者是无法实现的，但对掌握着整个网页目录的大型计算机则不是问题。传说中谷歌使用的概率 $p = 0.15$，这凭经验看应该是一个不错的选择。此外，谷歌一直在努力减小"谷歌轰炸"的效应。换句话说，对于人为地增加被引用数量以提高网页权重的策略，谷歌一直在努力应对，设法改进算 W 法以抵消其影响。

当然，谷歌的竞争者也没有闲着，他们持续不断地开展研究，为网页的"重要性"度量探讨新的算法思路和计算技巧。对不同的用户以及不同的词汇组合，"重要性"可能会有相当不一样的含义。但考虑这样的因素将大大增加"重要性"计算的复杂程度，能否在几分之一秒内提供搜索结果，将会成为一个疑问，甚至连谷歌也不例外。

索　引